展讀文化出版集團
flywings.com.tw

發現台灣老樹

台灣easy go 01 Visit the old trees in Taiwan

黃柏勳 著

展讀文化

綠樹是大地守護神，也是人類文明
進化的重要角色

作者序

「發現台灣老樹」這本著作，依然秉持個人對台灣本土文化與自然環境熱愛與關懷角度，一步一腳印，尋訪台灣鄉陬僻壤間，隱藏的老樹，踏實的進行攝影創作，只希望忠實保留完美的老樹風華，這自然又是一份不輕鬆任務，單就新中橫公路沿線神木踏查工作，前後便逾10趟，天候地形因素，加上資訊誤差，亦有部分老樹經不起歲月摧殘傾倒…等不利因素，讓本書製作更增添了它的複雜與困難度。

本書自創作到付梓，歷經三年歲月，如今終於看到成果，這過程雖然辛苦，果實卻是甜美，最終仍必須感謝，一路協助成長的夥伴和親友，尤其是媽媽的體諒，以及中和市橫路里長呂星輝幫忙，還有一路陪同勘查的夥伴李榮全、明洪、美總、黛玲、梅捷、應承順會長，和彰化縣體育總會健行登山委員會可愛的幹部群，以及中華民國救難協會中區搜救委員會的協助幹部，謝謝您們！

最後本書製作內容，展現的高水準，一流編印品質，則應歸功於出版社同仁的辛苦費心，在此僅致上最誠摯的謝意！

2006年1月22日 黃柏勳

發現台灣老樹

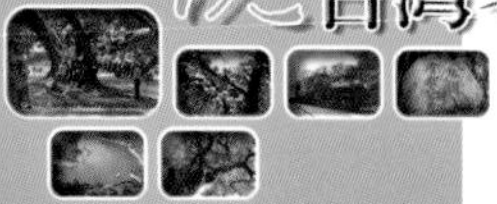

Visit the old trees in Tai

CONTENTS

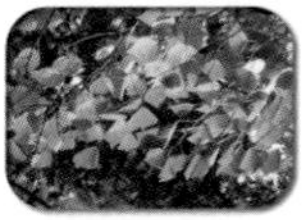

Visit the old trees in Taiwan

⊙千年神木是台灣中高海拔山區珍貴寶藏

老樹文化

文明演化進程裡，自然界扮演著舉足輕重的關鍵角色。

自然崇拜是早年先民普遍的敬神信仰，常將生活間存在的巨石老樹視爲神明膜拜，這些享受民間香火的巨木，自然演繹出最早且通俗對神木的基本定義。

沿用原住民舊稱，與日治年代名銜則屬近代對神木的尊稱與另類定義；在國際上通常習慣將國內認定的老樹或神木，統稱爲巨樹，雖然名稱不一，但其表達內涵精神卻是一致的。

民間對萬物有靈信仰，擁有超自然思考模式，認定的老樹與神木標準不一，但依行政院農委會林務局最新公佈資料，仍依巨樹形體、樹齡、環境與特質，訂定一套認定標準。

拜訪老樹是現代人絕佳的養生與養心之道，也間接說明了現代文明與自然界共存共榮的崇高意境 。

事實上老樹和人群互動極爲密切，人類在文明發展過程，便扮演著林緣生存者角色，加以早年民智未開，普遍存在自然崇拜心理，拓墾荒地時，自然避開老樹，終讓老樹逃過劫難，找到了生存空間，也滿足人類精神依託與祈求，更建立了無數的宗教傳奇。

隨著人類開發腳步擴大深入，古道、聚落連結日益殷切，這些見證先民篳路藍縷墾

⊙宗教信仰成為老樹生存的絕佳護身符

⊙拉拉山神木，沿用原住民地名語譯，十分貼切

⊙開庄伯公樹是先民自然崇拜，也是尊重自然的另種表現

荒的老樹，再度成爲聚落地名，又輕輕串起了文明進化的腳步；島內的楓樹湖、苳林鄉、佳冬鄉、楊梅鎮、莿桐鄉、樟湖、荔枝腳、松柏坑、大樹鄉、苦苓腳……等，便是以台灣常見的本土樹種命名的傳統聚落。

生長於村落旁老樹，更常成爲陪伴兒童嬉戲成長的記憶；不僅如此，高大老樹還提供了人們日常生活之需，包括採集樟腦、建築、造船、製紙、衣服、食物、藥用、生活器具等多元用途，自然也成爲陪伴人類進化的絕佳夥伴。

日治時期，中高海拔林場，與高山鐵路設立，造成島內巨樹的空前浩劫，倖存老樹多屬枝幹中空、彎曲、併木等木質結構稍差的次等材，這或許是一大諷刺，但卻讓部分老樹因此殘存保留下來；當您走訪中高海拔神木之際，事實上無異於一趟台灣巨木殺戮戰場巡禮，亦自然見證了台灣神木珍貴的人文與歷史價值。

⊙鹿港意樓楊桃老樹，擁有一段淒美的愛情故事，讓人印象深刻

⊙登山鐵道興建，讓阿里山山區，淪為巨樹的殺戮戰場

⊙老樹生前庇護土地，身後亦成為滿足人類生活起居的主要材料，功不可沒

老樹之美

⊙五色鳥是老樹身邊常見美麗動物

老樹之美不僅止於基本的形色光影變化，亦包括了自然界協調的生態、地形、環境、季節、天空、氣候與人文交織的動人風貌。

通常欣賞巨樹，首先感受到，便是巍峨壯麗的視覺震撼，以及人類渺小，尤其佇立於高大樹幹底層，更能夠體會那種悸動情境；數大就是美，自然也是老樹群，展現的另種層次美感；觀察枝幹盤虬的樹冠，與蒼鬱綠葉形態，則是另一種角度之美，仔細留意，樹幹表皮形貌不一，光滑粗糙，雲痕裂紋，風華獨具；小葉互生、對生，單葉、複葉，更是變化多端；楓香、九芎、櫸樹、黃連木、無患子…等變葉樹種，在秋冬季節 ，更會換上奼紫焉紅

⊙台灣櫸樹雲形剝落痕，是辨認樹種的絕妙特徵

⊙老樹板根，不經意流露一份質樸的生命之美（上）

⊙陽光下榔榆葉形不對稱的鮮綠小葉，極具特色（下）

⊙台灣獼猴是拜訪山林間老樹，常見不速之客

⊙古樟枝幹上，經常覆滿翠綠蕨類植物，在陽光下展現不同風情

⊙選對季節賞樹，才能觀賞到獨特的彩色畫面

⊙石龍子十分可愛，常活躍於低海拔老樹下方（上）
⊙曾遭野火肆虐的夫妻樹，依舊展現其枯萎後的絕妙美感（右）
⊙鳥巢蕨就像居住在老樹的公寓房客（右下）
⊙樹葉飄零後的櫸木老樹，展露一份蕭瑟美感（左下）

的繽紛外衣，爲單調的山野增添秀色；隨著時間流逝，氣候轉換，天空雲影，色彩更迭，又呈現另種醉人風情；依附老樹的動、植物，亦細膩爲樹身披上輕柔外衣 ，增添了多樣生趣，也流露出豐富的生命之美。

低海拔與平地老樹，亦不惶多讓，結合了繽紛的文化元素，無論是荒野、小廟、田園或山林、巨石、農舍、池塘，以及喧囂的犬吠雞鳴，輕撫的微風，淙淙流水，交織成一幅更爲浪漫樸雅畫面，引人入勝。

⊙夜鷺是低海拔老樹間，親切的朋友

⊙變色葉老樹在山野中擁有迷人的浪漫之美

⊙只要細心呵護，這些小樹總會成為巨樹（上）
⊙陽光下烏桕老樹，紅綠相間的亮麗色彩，十分迷人（右上）
⊙紫斑蝶屬於台灣山區活躍的美麗生命（右下）

老樹生態簡介

早期台灣遍佈茂盛的原始森林，但隨著人類拓墾需求，加以天災人禍頻繁，讓低海拔丘陵平原之蒼鬱森林，幾被砍伐殆盡，僅餘神格化巨樹，以及後期開發種植樹木才能夠保存下來。

低山平原之闊葉林巨樹，以樟樹、茄苳、楓香、正榕、刺桐、欅樹、雀榕，這七種族群較常見，自然成爲台灣低海拔老樹的主流樹種。

反觀壯麗的千年神木，則多生長於一千公尺以上，中高海拔偏僻山岳地帶，主要巨樹種類，則以紅檜、扁柏、肖楠、五葉松、香杉、台灣杉爲大宗，其間又以紅檜老樹數量居冠。

【一】低海拔主要老樹生態，如下：

〈1〉榕樹——**桑科，榕屬，別名正榕**

⊙榕樹灰褐色軀幹，以及多變形態，與容易攀爬特性，常成為兒童最愛

形態特徵——爲常綠喬木，樹幹不高且多分枝，枝幹灰褐色，常密生細長氣根，好似紗簾，美麗而獨特，鬚可入藥。

樹冠傘形，粗壯平緩的枝枒，就像父親堅實的臂膀，自然成爲孩提時期，最喜攀爬玩耍的老樹之一。

葉橢圓形或倒卵形，長五至八公分，革質、平滑、表面深綠，葉柄長約三公分，榕果球形，熟時成粉紅色，爲誘鳥食物之一。

主要功能——適合園林造景之用。

〈2〉茄苳——**別名加冬，俗稱重陽木，為台灣原生樹種。**

形態特徵——爲大戟科常綠喬木，樹幹分歧呈暗褐色，樹身常見瘤結，樹皮表層具薄形剝落紋，樹冠深綠色，常形成圓拱狀，樹形優美；葉爲長柄，掌狀三出複葉，鋸齒緣，球形褐色漿果，徑約1公分，八至十月果熟可食。

主要功能——適合園林美化，耐濕性佳，可供傢俱、建材使用。新鮮嫩葉供煮茄苳雞或泡茶飲用。適合充作行道樹，台東卑南間，就存在一段優美的重陽木綠色隧道。

⊙山野間天然孕育的茄苳巨樹，主幹修長筆直，和平地茄苳樹丰姿迥異

〈3〉樟樹——樟科，俗稱樟仔、芳樟、油樟，為台灣原生樹種。

形態特徵——爲常綠喬木，全株均有特殊香醇氣味，樹幹具縱向深裂溝紋，葉革質互生，卵形尾端漸尖，取葉搓揉，即散發一股香氣，具防蟲功效，核果球形，徑約0.6公分，早年台灣樟樹林，遍佈中低海拔山區，日治時期，被大量砍伐煉製樟腦油，已少見樟樹純林，僅台灣東部富源森林遊樂區內，倖存一處原始天然林，極爲珍貴。

⊙樟樹是台灣低海拔老樹的主要樹種之一

⊙楓香樹形優雅，深受民眾歡迎

⊙雀榕是老樹的殘酷殺手

主要功能——木材除煉製樟腦油，亦適宜雕刻神像、製造建材、傢俱和園林美化及充作行道樹使用，最著名之集集綠色隧道，便是由近百年的老樟樹群夾道構成。

〈4〉楓香——金縷梅科，俗名楓仔、楓樹。

形態特徵——爲大喬木，葉互生，蒴果球形，通常爲掌狀三裂、幼葉或爲五裂，樹幹通直，秋冬之際，霜凍葉丹，紅葉滿天，浪漫詩意，最能表現秋色之美。最著名賞楓處，爲南投奧萬大。

主要功能——楓香樹幹是培養香菇的良好材料，樹幹可提煉蠟脂，供藥用與製線香原料，亦可供建材和行道樹及薪炭使用。

〈5〉雀榕——桑科纏勒大喬木，俗名鳥榕、山榕、鳥屎榕。

形態特徵——以鳥喜食其果，種子仰賴鳥類傳播而得名，根系十分發達，常附生於其它樹種枝幹，待根鬚觸地茁壯後，即纏勒寄主致死，再佔據樹幹著生，爲闊葉樹林內的殘酷殺手。葉長橢圓形，10至18公分，稜果圓形，熟時淡紅，因樹幹多爲根系包圍，不適作爲建材。

⊙雀榕果實是鳥類喜愛食物，自然也成為繁衍的絕佳途徑

主要功能——適合園林造景使用。

【二】中、高海拔山地主要老樹生態密碼

〈1〉紅檜——柏木科紅檜屬，俗名松梧、薄皮仔。

形態特徵——常綠大喬木，幹直頂端多分枝，樹皮薄而略具淺裂，材色近似紅褐色，葉鱗片狀對生，先端銳尖，毬果橢圓形，木質堅韌，紋理優美，耐腐抗朽，具獨特芳香氣味，抗菌力強，壽命長達2000年，屬東亞第一巨木，多生長於盛行雲霧帶中高海拔山地，以海拔1300公尺至2600公尺蘊藏量最豐。

主要功能——建築材料、家具、煉製精油。

⊙紅檜樹皮帶紅褐色，亦屬辨識特徵之一。

〈2〉扁柏——柏木科扁柏屬，俗名黃檜、厚殼仔。

形態特徵——近似紅檜，不易辨認，二者常混稱「檜木」；爲常綠大喬木，樹幹通直少分枝，樹皮稍厚，心材偏似黃褐色，葉鱗片狀對生，先端略鈍，毬果圓形，材肌緻密，紋理優美，質堅耐腐，亦具獨特芳香氣味，壽命高達1500至2000年，與紅檜同屬台灣品質優良的一級木，多與紅檜混生於盛行雲霧帶中高海拔山地，以海拔1300公尺至2600公尺蘊藏量最豐。

主要功能——建築材料、家具、煉製精油。

⊙台灣杉樹形好像聖誕樹，和柳杉形狀接近

⊙台灣杉與柳杉嫩葉相似，不易分辨

⊙五葉松為中低海拔山區常見樹木

〈3〉台灣杉──杉科，亞杉屬，俗名亞杉、禿杉。

形態特徵──為常綠大喬木，幹直多分枝高可達60公尺，小枝柔而下垂，樹形優美，與柳杉同樣近似巨大聖誕樹，幹皮近灰褐色，略具縱向淺裂，幼樹之葉線形，先端銳尖，老枝之葉鑿形或鱗片狀，毬果長卵形，生於枝端，壽命亦長達1000年以上，為單種屬，是台灣樹木之中，唯一以『台灣』為屬名的孑遺活化石植物，常和檜木混生，產於盛行雲霧帶中高海拔山地，海拔1100公尺至2800公尺蘊藏量最豐。

主要功能──建築材料、家具、煉製精油。

〈4〉五葉松──松科，又名山松柏。

形態特徵──為常綠大喬木，幹直多分枝，樹皮暗灰褐色，幼樹光滑，老時呈現不規則淺龜裂，葉細披針形，五針一束，長約8公分，切面三角狀，毬果卵狀橢圓形，長8至10公分，與二葉松樹形近似，但二葉松樹幹龜裂明顯，葉為二針一束，極易辨識；而同為五針一束的華山松，葉長果大，且生長於2300公尺以上高地，不易混淆；本種松葉含維他命a、c，及精油，具止咳功效，多生長於中低海拔山地，以海拔300公尺至2300公尺之山脊附近蘊藏量最豐。

主要功能──建築材料、家具、煉製精油。

〈5〉香杉——杉科，又名巒大杉、烏杉，以木材具獨特香味而得名。

形態特徵——爲常綠大喬木，幹直多分枝，樹皮淡紅褐色，略具縱向淺裂，葉披針形螺旋狀密生，扭成二列，毬果卵圓形，果鱗略成三角狀，爲台灣特有亞種之珍貴樹材，木質堅韌，紋理優美，耐腐抗朽，，壽命長達1000年以上，多生長於海拔1300公尺至1800公尺山岳地帶。

主要功能——建築材料、家具、煉製精油。

⊙香杉以材質具獨特香味得名，也是遊客矚目焦點

〈6〉台灣肖楠——俗名肖楠、黃肉樹

形態特徵——爲常綠大喬木，幹直多分枝，樹皮灰紅褐色，幼株平滑，老幹略具縱向淺裂，葉鱗片狀四枚合生，扭成二列，毬果長橢圓形，爲台灣特有種之珍貴鄉土樹，性喜陽光耐濕，多生長於海拔500公尺至1900公尺溪岸懸崖地帶，爲製造淨香與神桌、傢俱、雕刻的貴重樹材，也是綠美化的極佳樹種。嘉義奮起湖的南側山麓，以及南投惠蓀林場與中寮鄉中心山附近山區，皆保留有肖楠母樹群，爲台灣原生珍稀植物，保住一線生機。

⊙肖楠亮綠枝葉具有獨特美感

老樹存在自然生態環境之間，扮演重要的微形生物鏈角色，同時具有微調氣候，治水防洪與國土保安的崇高地位和價値，對於人類文化歷史，具有指標性貢獻；當人類文明邁向21世紀之後，針對森林與老樹的開發保育，以及維護自然生態的均衡發展，同時深思開創優質的老樹文化，將是一個迫切而需要共同深入研究的重要課題。

神木認定條件

【一】超級神木——紅檜胸圍12公尺以上，扁柏胸圍8公尺以上，樹齡2000年以上。

【二】一般神木——胸圍10—12公尺之間，樹齡1000—2000年，或早有命名者。

【三】巨　　木——胸圍6—10公尺之間，樹齡500—1000年，或早有命名者。

這是針對生長於山區林班地，與中高海拔山地巨樹，所訂定的基本條件；可是民間認定標準通常以樹種之珍稀性，以及相對獨大特質與特殊樹形，作爲認定標準；站在學術立場，或許該涇渭分明，但若以生態保育爲出發點，則似乎無須錙銖計較了。

⊙日月神木為民間命名的知名老樹

⊙棲蘭山神木園，擁有許多千年神木

⊙樹齡達2800年的鹿林神木為新公佈的超級神木（左）
⊙高聳的巨木群，創造了無數生態奇蹟（右）

珍貴老樹標準

這是沿用民國79年省政府農林廳村落老樹調查保護計畫的執行標準，目前資料庫已登錄近1500棵珍貴老樹；認定標準如下：〈1〉胸徑1.5公尺以上〈2〉胸圍4.7公尺以上〈3〉樹齡100年以上〈4〉擁有特殊性具調查研究價值〈5〉樹種稀有同時具區域代表性。祇要符合上項任一標準，即爲保護計畫內的珍貴老樹，應善加照顧。

⊙蜈蚣社區楓香老樹具有族群遷移文化特質

⊙百年櫸榆老樹擁有珍稀特性

⊙月眉樟公樹可能是國內最古老樟樹

⊙樹圍壯碩並非珍貴老樹唯一標準

樹齡測量

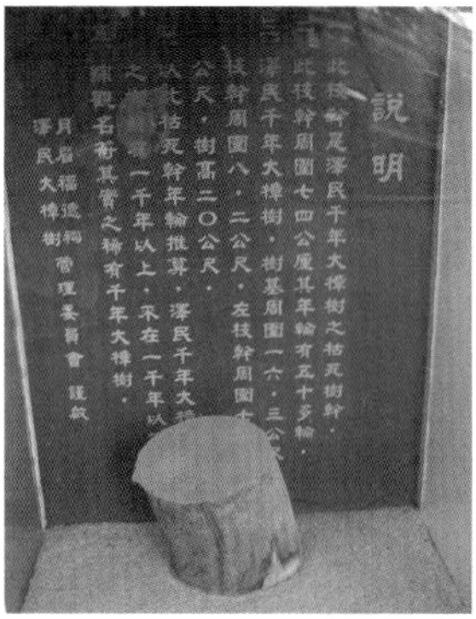

⊙以斷落枝幹年輪，推算老樹年齡，可提供參考

⊙依老樹旁古碑或其他建物判斷樹齡，亦可供參考

每個人都知道核算樹幹年輪，是測量樹齡的有效方法，而年輪更是研究遠古年代，古地理、古氣候以及古水文的有效樣本，但有些熱帶闊葉樹種生長週期受天候影響，年輪模糊難計，或根本沒有年輪可供計算，更何況爲計算樹齡，而將樹幹鋸斷，並不可行，加以樹身可能中空或有樹洞，併木或樹幹扁平外型扭曲，均可能影響樹齡的準確度。

林業學術單位，通常運用準確度較高的放射性炭十四測定，或採用長僅數十公分，中空的生長錐，插入樹身髓心部位，抽出後，核算木紋年輪，再加以推算樹齡，其誤差在十分之一左右，尙在可被接受範圍內。

查驗林業單位保存之造林數據，爲計算樹齡最精確方式，民間多傾向比對結果，亦即比較環境樹種、主幹粗細、高低，再依比較結果增減樹齡，這種方式雖可提供參考，只是誤差可能不小，尤其比對基準樹齡正確度，影響最大。

依樹旁古廟文物，或當地人瑞舉證，推定樹齡，亦是可行方法；月眉樟公樹，以斷落枝幹，量取直徑，再計算年輪，最後再以主幹直徑倍數，推斷樹齡，依常理認知或許可行，但學術專業上的肯定，似乎仍有值得討論空間！

⊙參考林務單位提供數據，判斷樹齡，最簡便

⊙自鋸斷老樹，計算樹齡，依然有其困難性

親近老樹方法

老樹是富饒大地裡，親和力十足的綠色巨人，自然散發一股蒼郁靈秀魅力，吸引無數渴望回歸自然的朋友深入；接近神木區，祇需善用親近老樹方法，便能盡情徜徉於老樹懷抱之中；基本要領如下：

〈1〉認識周圍聚落與地形環境，以發現當地開發年代與人群互動和感人的老樹傳奇。

〈2〉欣賞老樹形色與生長狀態，並確認樹種，尋找最適合觀察的季節時辰方向。

〈3〉觀察枝幹樹葉生態特徵，可自低處或撿拾落葉入門觀察。

〈4〉留意樹身依附的動植物，同時進一步從事生態筆記。

〈5〉尋找鄰近樹苗，並推想他存在此地原因。

〈6〉妥善運用靈敏的視覺、聽覺、味覺、觸覺、嗅覺，溫柔的擁抱老樹，感受它的生命之美。

〈7〉妥善利用深吸緩呼的運氣技巧，進行溫柔的打拳禪坐，強化芬多精和陰離子的抗菌免疫功能。

⊙認識老樹週遭環境，也是親近老樹的樂趣

⊙賞樹配合採果季節，讓行旅更加豐富

⊙安排偏遠山地老樹旅遊，宜留意天候與住宿環境安全

留意樹身動物，有利於對生態深層認知

⊙觀察老樹枝葉，認識生態，才能選擇最佳賞樹時機

⊙踩著遍地楓紅健行賞樹，美麗又浪漫

〈8〉運用相機或攝影機進行影像紀錄，最好使用各種鏡頭搭配，才能完整呈現老樹的旖旎風采。

〈9〉仔細欣賞沿途景緻，必要時搭配鄰近據點，讓老樹之旅收穫，更加豐碩。

⊙觀察老樹旁，獨特的地質節理，將讓賞樹觸角更向上延伸

⊙妥善運用深吸緩呼技巧，有效強化芬多精和陰離子攝取

⊙金翼白眉是中高海拔神木之旅常見鳥類

⊙樹身依附蕨類以及樹旁的青楓綠葉，為老樹增添風情

造訪老樹要領

神木與老樹分布在不同的地形環境之中，其存在的條件與歷史，自然迴異，各具其趣；島內海拔的垂直變化，營造了明顯的氣候差異，自然造就了樹種生態系的顯著改變，中、高海拔山地巨木，以耐寒之針葉樹種，紅檜、扁柏、台灣杉、五葉松、香杉爲主，相對低海拔與平地老樹，多以暖溫帶或熱帶雨林闊葉樹爲大宗，其中以榕屬植物、殼斗科、樟科、金縷梅科楓香，以及欅樹、刺桐、茄苳、黃連木、九芎等最引人入勝。

巨樹生長環境不同，親近老樹的行程安排，自然需做妥善規劃；尤其拜訪深山神木，更應細心；首要便是選擇目標，接著蒐集資訊，規劃行程，再依當地環境特性，選擇適當季節時間 ，同時留意道路狀況，安排適當交通工具前往，這是最基本的規劃原則。

詳細作業時，入山證與保險申辦絕不能疏忽，對於登山口位置，山徑狀況 ，坡度、步程來回時間、餐宿、人員、交通的掌握，更需審慎，尤其出發前的訓練和檢查更應落實，才能輕鬆愉悅享受一趟迷人的知性之旅。

⊙安排賞樹之旅應留意步道安全

⊙行旅若須橫越溪流，水文狀態應隨時掌握

⊙山區天候變化大，雨具屬必須裝備

⊙天候變化是安排旅行，首應留意資訊

⊙進入山區宜提早安排食宿，避免措手不及

⊙雪季很美，但隱藏危機更多，應量力而為

1

2

3

4

5

拜訪低海拔老樹，自然輕鬆許多，只要掌握基本規劃原則，安排妥適的旅遊動線，同時留意老樹與當地居民密切的生活文化，以拜訪長者心態，貼近居民生活空間，倘能安排當地居民深入解說，應能獲得更爲豐碩的回報。

造訪老樹行程固然單純，安全守則仍需留意，尤其夏日午後雷雨，溪水暴漲，山徑濕滑、崎嶇，道路落石坍方，以及蛇、蟲、蜂與大型動物危害，更是安排老樹之旅，必須具備的深層危機意識。

1.開車應認清道路標示，避免走錯路壞了遊興
2.夜色低垂前應做好宿營準備，才能輕鬆享受野營樂趣
3.露營技巧和營地選擇，行前宜規劃妥當，以免慌亂
4.進入國家公園，規範不少，應事先了解，避免困擾
5.斷崖峭壁下方充滿危機，行進或宿營時，均應當心

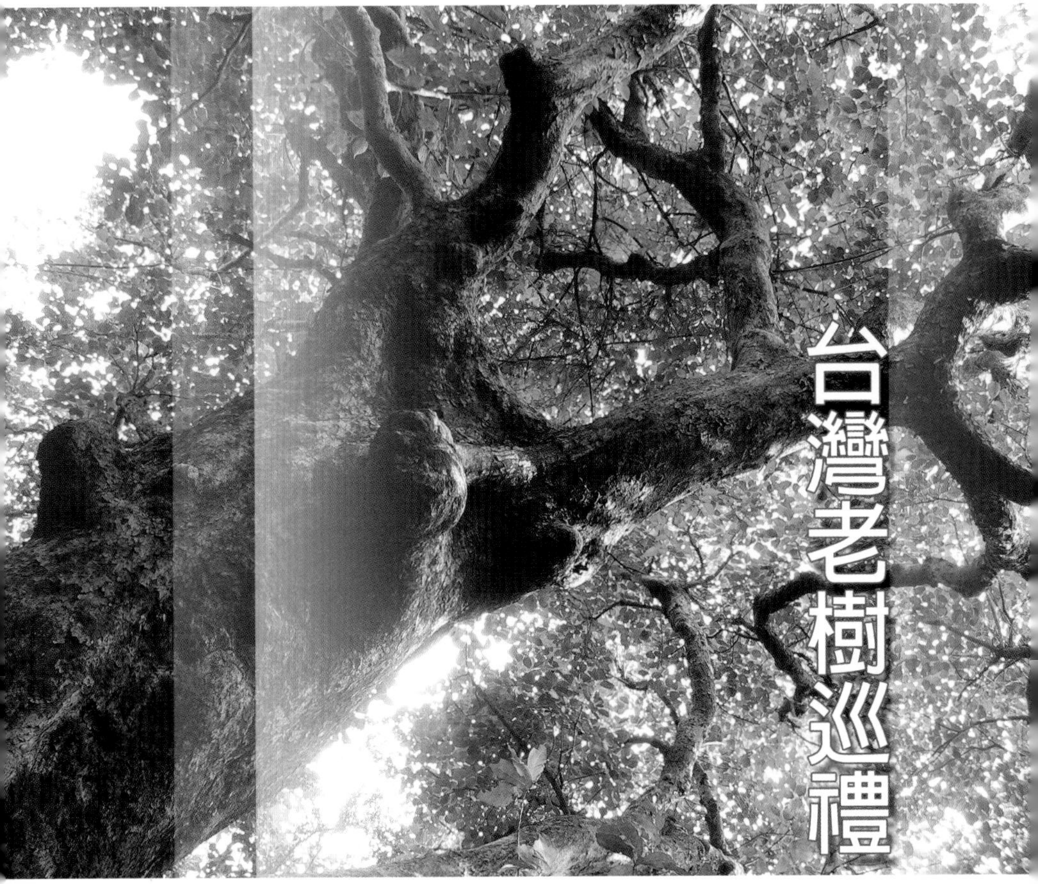
台灣老樹巡禮

1 阿里山三大神木

⊙香林神木為園區內目前已公佈最古老神木

樹　高：43公尺

樹冠幅：120平方公尺

樹　圍：13.1公尺

樹　齡：2300年

科　屬：紅檜

生長位置：嘉義縣阿里山鄉阿里山森林遊樂區內

海拔高度：標高約2300公尺

老樹簡介：阿里山三大神木，分別是香林神木、光武檜神木和千歲檜神木。

林務局為彌補阿里山神木，在民國86年傾倒之憾，便在園區內，積極尋覓神木族群取代，新出爐神木群多達36株，每株老樹形態優雅且高聳挺拔，丰姿獨具，展露紅檜巨木蒼勁粗獷美感。

神木群樹齡，從數百至二千餘歲，其中已知最古老神木為香林國小後山的香林神木，樹圍13.1公尺，高齡已2300歲，另株樹徑略小，位在慈雲寺旁光武檜神木，以及樹靈塔畔千歲檜，均為二千年樹齡的神木爺爺，近日已成阿里山園區內的神木新寵。

阿里山森林遊樂區，除神木風情之外，祝山日出、高山鐵道、森林樹海、姊妹潭以及對高岳步道、大塔山步道、觀日步道，也都是遊客注目焦點，尤其春暖花開季節，一葉蘭、吉野櫻、杜鵑盛開，到處繁花似錦，璀璨繽紛，也是阿里山最熱鬧的季節。

⊙登山火車具有懷舊美感卻也是神木殺手的幫兇

⊙姊妹潭是阿里山上著名觀光景點

⊙森林浴步道是拜訪神木最佳路線

交通資訊： 1 下國道3號嘉義中埔交流道，接台18省道上山，經石桌、二萬坪至阿里山。

2 下國道3號名間交流道，接台3省道，經名間轉台16省道，至水里接台21省道，經塔塔加、自忠至阿里山。

順遊景點： 奮起湖、二萬坪、特富野古道、新中橫景觀公路、達邦部落

⊙蓊鬱的針葉林，孕育了無數千年古木（上）
⊙千歲檜樹形筆直優美也屬當地三大老樹之一（下）
⊙光武檜為目前阿里山三大名樹之一（右）

⊙拉拉山神木群入口不遠處獨特的迎賓樹

2 復興鄉拉拉山神木群

樹　高：42公尺
樹冠幅：50平方公尺
樹　圍：19.2公尺
樹　齡：1900年
科　屬：紅檜
生長位置：桃園縣復興鄉上巴陵部落塔曼山腹
海拔高度：標高約1600公尺
老樹簡介：拉拉山神木群，原名達觀山神木群，「拉拉山」爲泰雅族語，意指美麗的山，位於台北縣烏來鄉和桃園縣復興鄉交界處附近，爲巴福越嶺必經之道，也是北台灣熱門健行路線。

神木群分布在南勢溪與拉拉溪分水嶺下方，但主要群落，則位踞拉拉溪源頭山地，因而得名。

⊙五號神木又稱狗熊之窩，以底層樹洞，曾為狗熊居處而得名

拉拉山神木群，在民國62年底，由一群熱愛山林的文化大學教授首先發現，並命名「復興一號」神木，經媒體發表後，自然吸引了絡繹不絕，慕名而至的遊客。

神木族群，分散在塔曼山下溪源谷地，經多次調查統計，目前該處巨樹已近三十株，而且樹齡高達二千歲神木也不少，造型奇特，魁梧參天古木，更是隨處可見，加以林蔭蔽天，蔓藤倒木和清涼小溪遍佈，充滿了原始氣氛，頓然成爲從事森林浴，健行養身的熱門風景區。

神木群巡禮外，結合當地盛產的甜柿、水密桃採果之旅，同時拜訪鄰近的爺亨溫泉，欣賞北橫三大名橋－大漢、巴陵、復興橋風情，與瑰麗的大漢溪風光，將讓訪樹之旅收穫更爲豐碩。

交通資訊：

1 下中二高大溪交流道，左轉經埔頂至大溪市區，接台7號省道（北橫公路），經復興、巴陵轉入上巴陵，至神木群。

2 自宜蘭開車經台7號省道西行，至棲蘭後北上，經巴陵轉入上巴陵，至神木群。

順遊景點：角板山公園、嘎拉赫部落、霞雲坪、巴陵橋、四陵溫泉、上巴陵採果

⊙編號21號神木，是園區內第二大神木，迄今依舊生機盎然

⊙佇立在環形步道岔路附近的五號神木，氣勢昂然

⊙十八號神木原稱復興一號神木為拉拉山最大神木

3 大同鄉明池神木

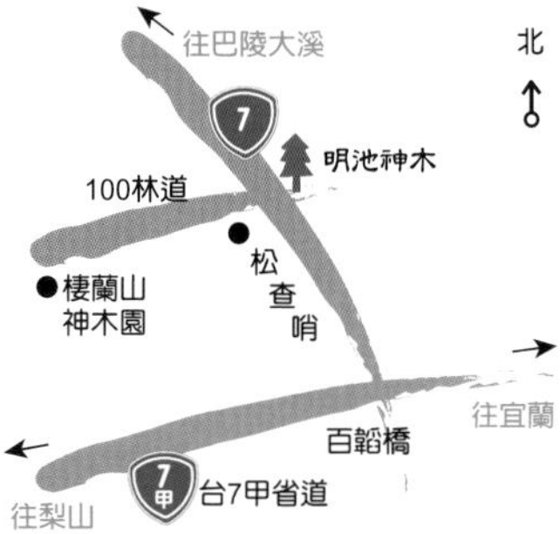

樹　高：31.6公尺
樹冠幅：80平方公尺
樹　圍：11.6公尺
樹　齡：1500年
科　屬：紅檜

生長位置：宜蘭縣大同鄉北橫公路池端明池森林遊樂區服務中心旁

海拔高度：標高約1200公尺

老樹簡介：明池神木擎天屹立於明池森林遊樂區，典雅的原木別墅邊，屬北橫公路沿線，最容易探訪的巨大神木。

⊙明池神木頂端枝幹，曾遭風災折斷，卻依舊生意盎然

⊙魁梧神木自然成為遊客視線焦點

明池千年神木，昂立於桃園、宜蘭交界處，海拔約1250公尺的池端地區，四周群山環抱，森林蓊鬱，爲退輔會森林開發處經營管轄山地。

明池又稱池端，地處三光溪源頭，爲北橫公路沿線著名高山湖泊，四周地形封閉，綠樹蔥籠，形成一處自然絕美的寧靜空間。

明池森林遊樂園區內，運用唐代園林情境建築，與日式庭園風格精心設計，並依據天然地形，融合當地自然風物規劃，創造出獨特繁複的園區特色，吸引了無數想遠離塵囂的城鄉遊客。

拜訪明池神木，需一路盤桓三光溪迂迴而行，沿途森林蓊鬱，青山翠谷，飛瀑流泉，峽谷千仞，風光原始，楓槭變葉樹夾道，蟠龍谷、三光溪、鐵珊瀑布與四陵溫泉，更是遊程值得納入的精采據點。

交通資訊：
1 下國道3號大溪交流道，左轉經埔頂至大溪市區，接台7號省道（北橫公路），經巴陵至池端明池森林遊樂區旁。
2 自宜蘭開車經台7號省道西行，至棲蘭後北上，至池端明池森林遊樂區。

順遊景點：棲蘭山公園、明池森林遊樂區、四陵溫泉、鐵珊瀑布、大漢橋、巴陵

4 秀林鄉碧綠神木

樹　高：50公尺

樹冠幅：120平方公尺

樹　圍：11公尺

樹　齡：1000年

科　屬：香杉

生長位置：花蓮縣秀林鄉中橫公路128.2公里處

海拔高度：標高約2100公尺

老樹簡介：秀林鄉碧綠神木，巍峨聳立於加卑里山東稜的中橫公路邊，宛如守護山林的巨靈神將，氣勢萬千，加以附近優雅濃密森林，以及散發濃郁咖啡香氣的寧靜木屋，讓該處一躍成爲中橫東段沿線極受歡迎的遊憩據點。

⊙碧綠神木隱藏在巍峨壯闊的中央山脈群山之間

⊙上段停車處，適合觀察神木樹冠層生態

⊙明亮澄淨的慈恩溪是神木附近一條美麗溪流

碧綠神木，是國內神木家族，罕見的香杉巨樹，軀幹雄偉，枝椏濃密交錯，雖已千歲高齡，卻依舊生意盎然，吸引了無數遊客目光 。

神木屹立於公路下方，巨大枝幹卻直衝雲際，高逾兩段之形道路，路邊停車場，自然也成了最佳觀賞平台，下段公路適合觀察香杉最雄偉的底層枝幹，站立上層路邊，則易於欣賞蒼翠茂密的樹冠生態，讓碧綠神木，成爲民眾輕鬆遊憩的生態教育目標。

神木鄰近蒼翠美麗的慈恩溪谷，也是登百岳老么羊頭山的中繼站，頂層山稜間觀雲、和大禹嶺則是著名的賞雪和觀賞日出雲海據點，讓賞樹之旅，更爲豐碩。

交通資訊：1 自花蓮市區或蘇花公路，走台9省道，至太魯閣，轉台8省道（中橫公路）經天祥、慈恩至碧綠神木。

2 自埔里走台14省道，經霧社轉台14甲省道、經清境、武嶺、合歡山，至大禹嶺，轉台8省道中橫公路，經觀雲至碧綠神木。

順遊景點：清境農場、合歡山、大禹嶺、觀雲、天祥、文山溫泉、白楊瀑布

5 大同鄉棲蘭山中國歷代神木園

樹　高：40公尺

樹冠幅：150平方公尺

樹　圍：13公尺

樹　齡：2100年

科　屬：紅檜（司馬遷神木）

生長位置：宜蘭縣大同鄉棲蘭山100林道路旁

海拔高度：標高約1600公尺

老樹簡介：棲蘭山神木園，位於唐穗山東南稜的山腹谷地，這裡屬於石頭溪支流源頭，到處林野蒼鬱，經常氤氳嬝繞，氣候溼冷，加以地形開闊，極適合檜木生長。

⊙棲蘭山神木園古樸的入口標誌

⊙棲蘭山神木園地理環境優越，山光水色，景緻宜人

⊙園區內秋海棠族群，花海繽紛，十分迷人

⊙就地取材架設的「論今」橋，樸拙古意，另座為「談古」橋，逸趣十足

神木園座落在規劃中的馬告國家公園範圍內，這裡是國內檜木生態保存最完整區域，堪稱爲檜木的最後桃花源，其間更珍藏無數巨大魁梧的神木家族，自然也創造了神木之鄉的美譽。

神木園面積廣達16公頃，屬退輔會榮民森林保育事業管理處規劃管轄，這裡神木薈萃，丰姿互異，神木命名亦獨具巧思，首先推算樹齡，並以先賢名人出生年代，相互對應，賦予歷代君王將相，與文武先賢名號，並建立解說牌，巨細靡遺記錄神木資料，以及國內外同年代發生大事紀與先賢事蹟，深富教育意義與趣味，令人印象深刻。

園區內著名神木近百株，輩分最高，首推孔子神木，樹齡達2500年，體型最魁梧壯碩要屬司馬遷神木，樹高40公尺，胸圍達13公尺，樹齡2100歲，氣勢雄渾磅礡；其間還有軀幹似男女性器官的包拯神木和班昭神木，造型維妙維肖，逸趣盎然，令人莞爾。

⊙司馬遷神木樹圍13公尺，為園區內最巨大神木

⊙樹形酷似女人性徵的班昭神木

⊙包拯神木以擁有一柱擎天的男性特徵馳名

⊙白居易神木樹齡1200年，樹幹上附著許多寄生植物

⊙鄭成功神木樹齡近四百年，胸圍約2公尺，別具特色

⊙神木步道依山而建，平緩舒適

⊙古意十足的志清亭位於神木步道尾端，環境清幽

中國歷代神木園區，步道規劃完善，路徑平坦，坡度適中，視野開闊，而且動植物生態完整，沿途設有典雅觀景涼亭，適合從事森林浴健行活動與生態觀察，未來觀光發展潛力無窮，值得遊客細心造訪。

交通資訊：

1 下國道3號大溪交流道，左轉經埔頂至大溪市區，接台7號省道（北橫公路），經巴陵、池端至棲蘭。

2 自宜蘭開車經台7號省道西行，至百韜橋，轉北橫公路至棲蘭。

順遊景點：棲蘭山公園、明池森林遊樂區、四陵溫泉、鐵珊瀑布、大漢橋、巴陵

注意事項：棲蘭山中國歷代神木園，目前尚未全面開放，採團體預約申請方式，請七天前預約登記，洽詢電話：（03）9809606～8棲蘭森林遊樂區

6 信義鄉神木村樟公神木

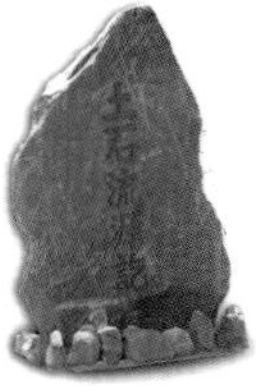

⊙發源自鹿林山的赫馬戛班溪旁，屹立一塊土石流源訖，記錄當地險惡的遭遇

樹　高：50公尺

樹冠幅：200平方公尺

樹　圍：15.7公尺

樹　齡：1500年

科　屬：樟科

生長位置：南投縣信義鄉神木村神木國小附近

海拔高度：標高約1400公尺

老樹簡介：神木村萬年樟公神木，擎天屹立在出水溪林道旁，平坦開闊的河階台地，三面崇巒環翠，草木蔥蔚，鮮綠耀眼，散發原始醉人風韻。

萬年樟公神木，聳入雲際，頗具鶴立雞群氣勢，也是農委會林務局公告「台灣十大神木」裡，唯一古老的闊葉巨樹。

樟樹公神木，昂立於這塊破碎土地千年，雖曾歷經多場疾風暴雨洗禮，以及土石流無情摧殘攻擊，仍然屹立不搖，早已成爲當地拓墾居民內心守護神，默默接納民眾香火，也是神木村地名的由來。

樟公神木巨大軀幹，爲頂細底粗的錐狀形態，底部滿佈一道道嶙峋突起的弧形板根，能夠牢牢抓住大地，自然塑造出粗獷獨特的壯麗風貌。

神木位於新中橫景觀公路旁，鄰近和社營林區，以及東埔溫泉和美麗的布農族望鄉、久美、羅那部落，擁有多元的人文自然景觀，值得細心品味。

交通資訊：下國道3號名間交流道，左轉台3省道，經名間，接台16省道至水里，轉台21省道，經信義、和社至松泉橋前，右轉神木村。

⊙樟樹公矗立在蒼翠的山麓谷地間

⊙神木國小以神木為名，在土石流重創後已重建完成

⊙山地天然生長的老樟巨樹，軀幹筆直高聳，和平地老樟樹形態截然不同

⊙樟樹公底層樹幹，具有
稜狀板根，極為獨特

順遊景點：塔塔加、八通關古道、夫妻樹、東埔溫泉、望鄉、久美、羅娜部落

⊙千年樟樹公，樹冠枝葉依
舊蒼翠生機盎然

7 和平鄉谷關五葉松神木

⊙台灣山豬雕塑，據說擁有神秘力量，有利於戀愛發展

樹　高：36公尺
樹冠幅：200平方公尺
樹　圍：7.8公尺
樹　齡：1000年
科　屬：松科
生長位置：台中縣和平鄉谷關神木谷大飯店前方
海拔高度：標高約700公尺
老樹簡介：五葉松千年神木，鄰近和平鄉著名的谷關溫泉飯店區，目標顯著；神木谷大飯店，便是以位踞神木前方的高位河階谷地而得名。

五葉松神木臨崖佇立於大甲溪曲流東岸，據說巨樹係民國62年由前立法院長倪文亞先生首先發現，而加以述文立碑，才讓老樹聲名傳揚開來。

⊙谷關五葉松，是罕見千年神木樹種

神木巍峨座落在神木谷飯店前方庭園，樹後巨石，鐫飾一方當年倪院長撰書「松柏長青」碑石；神木下方蔽天綠蔭裡，則屹立新建福德祠，以及原木解說牌，讓遊客輕鬆感受老樹的獨特風采。

五葉松千年神木，融合飯店亮麗高雅的浪漫設計，同時結合象徵原住民文化的山豬雕塑，伴著扶疏的庭園步道，和露天石桌、石椅，以及寓意生生不息的古老水車，營造出一股詩意迷人氣息，深受歡迎。

谷關是中台灣著名溫泉區，爲優質的碳酸鹽泉，可飲可浴，深受遊客讚賞；這裡擁有豐富的泰雅文化，震後，雖曾沉寂一時，但隨著捎來生態步道闢建，同時結合高雅的溫泉公園開放，以及美麗的櫻花林盛開，讓泡湯賞樹之旅，更為充實而活潑。

交通資訊： 自中山高、中二高，轉豐原系統國道4號東行，至國道終點，接台3省道，經石岡過東豐大橋，右轉台8號省道，經和平、麗陽至谷關。

順遊景點： 谷關溫泉區、捎來步道、八仙山遊樂區、松鶴部落、溫泉文化館

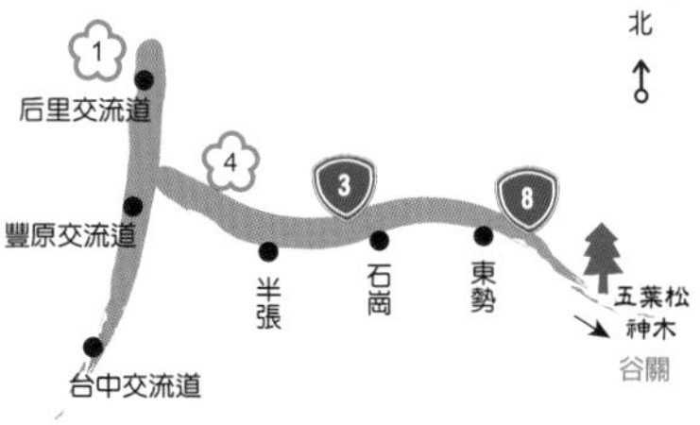

⊙神木枝椏強壯，綠意盎然，景觀雄奇

⊙五葉松神木臨崖而立，大甲溪怡人的壯麗溪谷，歷歷在目

⊙前立法院長倪文亞40餘年前發現神木，所豎立的「萬古長青」碑

8 花蓮能高檜林神木

⊙天池三層瀑，在霧裡若隱若現，意境天成

樹　高：32公尺

樹冠幅：180平方公尺

樹　圍：9.5公尺

樹　齡：1000年

科　屬：紅檜

生長位置：花蓮縣秀林鄉檜林保線所附近

海拔高度：標高約2200公尺

老樹簡介：檜林神木巍峨佇立在能高越嶺道東段，檜林保線所附近，巨大身影聳立於原始森林間的古道旁，神木依舊生機盎然，枝椏濃密，枝幹舖滿鮮綠苔絨，展現氣宇軒昂的壯觀景象，令人印像深刻。

能高古道，橫斷中央山脈，早期曾是泰雅族賽德克亞群，狩獵移墾通道，為先民聯絡台灣東西兩地捷徑，日治大正6年，為強化對泰雅族番社控制，於是將獵徑拓寬為警備道，建立了能高越嶺道。

光復後為輸送東部剩餘電力，台電公司沿能高越嶺道，架設一條東西向輸電線路，將警備道功能，調整為電力保線道，並進行維護整修，迄今仍保存著極佳路況。

透過古道，除了連結歷史，由於甬道翻越中央山脈主脊，也成為攀登奇萊山與能高山的登山孔道，主稜鞍部，還遺留一座「光被八表」碑，而沿途壯麗的天池三層瀑布，以及廣袤的草原，和山光水色的天池風光，以及檜木林、山澗、吊橋與保線所，均成了遊客尋幽攬勝的美麗據點。

交通資訊：1 下中二高草屯交流道，接台14省道東行，經埔里、霧社、廬山部落，抵屯原登山口。

⊙能高越嶺步道沿途有片獨特白木林，景緻迷人

⊙玉山石竹是步道旁的美麗花卉

⊙秋冬拜訪老樹可欣賞嫣紅繽紛的台灣紅窄槭美景

2 自花蓮走台9省道，經吉安鄉轉9丙省道，過木瓜溪，又接台14省道，越銅門、龍澗、磐石、至奇萊保線所登山口。

順遊景點：盧山溫泉、天池瀑布、能高天池、南華山、龍澗、銅門、鯉魚潭

⊙霧封雲鎖之際，穿越古樸吊橋，別有一番感受

⊙檜林神木便座落在檜林保線所附近，不易錯過

⊙步道沿途只要留意指標，路徑並不複雜

⊙檜林保線所附近，老樹成林，值得用心欣賞（上）

⊙跨過這道小溪木橋，檜林神木就不遠了（左）

⊙檜林神木是能高越嶺必經之地，但仍有不少山友視而不見，極為可惜（右）

9 阿里山鄉水庫神木

⊙昇華宮是守護舊水源地的小廟

樹　高：36公尺

樹冠幅：80平方公尺

樹　圍：16公尺

樹　齡：2700年

科　屬：紅檜

生長位置：嘉義縣阿里山鄉新中橫公路76.4公里附近

海拔高度：標高約2300公尺

老樹簡介：水庫神木，巍峨聳立在參天蒼翠的森林間，軀幹壯碩，雄渾筆直，氣勢磅礡，應該是阿里山森林遊樂區內，已知最古老的一株神木。

⊙水庫神木依舊枝葉繁盛，樹冠枝椏間還夾住一截斷落的枯枝

神木座落於曾潰堤的舊水庫邊，距新中橫公路大約15分鐘步程，路程雖短，但因原始資訊誤差，踏查時，還是浪費不少心力，幸好鍥而不捨，仔細判斷，在多次探訪下，終於還是完成任務。

水庫神木，樹形巨大，宛如鶴立雞群，景象雄奇俊秀，未來觀光發展潛力無窮，據說林務局已積極規劃修建另一條水山支線鐵路，通往神木區，完工後，必將為阿里山區，掀起新一波神木旅遊熱潮。

訪樹步道在台18線省道76.7公里附近，首需左上崎嶇的碎石產道，至舊水庫區，對岸可見一座古樸土地公廟，神木就在廟後，直行路徑明顯，卻難以造訪，只有沿堤岸左繞，才能順利抵達神木下方。

交通資訊：下國道3號嘉義中埔交流道，接台18號省道上山，經石桌、阿里山往自忠、塔塔加方向，至新中橫公路里程碑76.4公里附近。

順遊景點：奮起湖、二萬坪、特富野古道、新中橫景觀公路、達邦部落

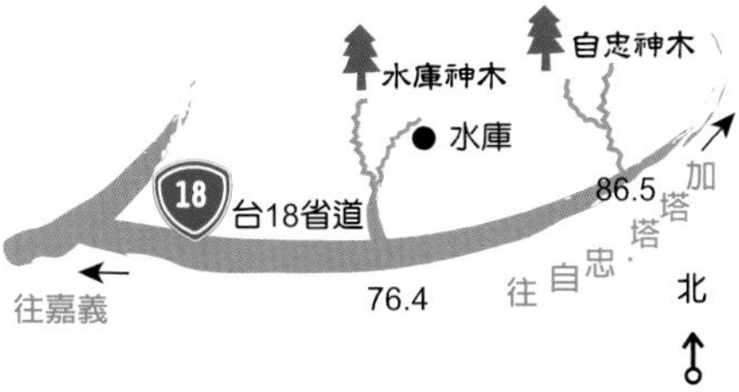

⊙水庫神木枝幹中央有巨大樹瘤，成為附生植物溫床

⊙走下舊水源地須左行堤岸方能順利到達神木

⊙小廟後方可俯瞰神木全景

⊙神木周圍樹幹鋪滿苔絨，環境清爽原始

10 阿里山鄉自忠神木

樹　高：36公尺

樹冠幅：100平方公尺

樹　圍：10公尺

樹　齡：1500年

科　屬：紅檜

生長位置：嘉義縣阿里山鄉新中橫公路台18線省道82.5公里附近

海拔高度：標高約2300公尺

老樹簡介：自忠神木，是由兩株巨大紅檜構成，氣勢磅礡，座落在新中橫公路上方坡地，老樹置身在茂密森林之間，位置隱密，附近栽植高經濟價值的山葵田，若未仔細觀察，即可能失之交臂。

老樹位於入口山徑，剛接上山葵田左側頂端，樹身還遺留紅漆和試砍記號，據說當初原本計劃砍伐神木，但發現傾倒樹體，可能危及公路與人車安全，而取消作業，才讓老樹逃過一劫。

自忠神木，和鄰近的水庫神木，以及鹿林神木相比固然遜色，但樹姿挺拔雄偉，仍具吸引力，值得前往攬勝。

拜訪自忠神木，可結合新中橫神木群，來一趟神木祭，或結合鄒族特富野古道與水山登山步道，進行美麗而獨特的人文自然生態饗宴，享受一份靜謐優美的訪樹古道之旅。

交通資訊：下國道3號嘉義中埔交流道，接台18省道上山，經石桌、阿里山往自忠、塔塔加方向，至新中橫公路82.5公里附近，右側有145號電桿，左方山坡間的陡峭土石山徑即是登山口。

順遊景點：奮起湖、二萬坪、特富野古道、新中橫景觀公路、達邦部落

⊙拜訪神木必須經過山葵園

⊙自忠神木接近根部還遺留昔日預備砍伐痕跡

⊙福安宮是自忠隘口附近一座小山祠

⊙自忠二號神木，樹形俊美，屹立在後方山坡，極易錯過（右上）

⊙越過自忠神木，赫然發現隱藏樹後的二號神木英姿

11 竹崎鄉奮起湖神木

⊙奮起湖正好位處阿里山登山鐵道中間站

樹　高：20公尺
樹冠幅：250平方公尺
樹　圍：6.5公尺
樹　齡：400年
科　屬：樾科
生長位置：嘉義縣竹崎鄉奮起湖鐵道46.3公里與奮瑞古道附近
老樹簡介：奮瑞步道結合精彩的生態景觀，和充滿人文精神的糕仔崁古道串連而成；據傳古道係由行竊糕點失風的竊賊，舖設石階贖罪而得名；巨木步道便自奮瑞古道延伸而出，屬於中海拔原始的闊葉巨樹，十分難得。

拜訪老樹，應自車站沿鐵道漫步至46.3公里處，抬頭即可發現山坡上，巍然矗立樹形酷似阿里山神木的樟葉槭老樹，景觀獨特。

接著輕鬆轉入高架式環村生態步道，穿梭在意境極佳的柳杉林下，沿線動植物生態繽紛，隨處可見蝶舞鳥蹤，適時出現的典雅涼亭和拱橋，更爲行旅增添了無限的悠閑與浪漫詩意。

沿途孟宗竹林間，還可發現一處綠樹巨石結合的景觀，取名鹿鼎巨木，姿態就像一隻跪姿的長頸鹿，維妙維肖，展現大自然的神奇。

循稜進入綠蔭蔽天的闊葉林巨木步道，一路走訪參天聳立丰姿互異的櫧櫟巨木群，近十株壯碩高聳的闊葉巨樹，在繁密森林間，依序現身，彷彿訴說美麗的山林歷史，令人動容。

隨後步道銜接日本山神社遺址，荒廢遺址上，祇殘留斑駁古樸的岩石平台，供人憑弔，讓人不勝唏噓。

步道終點前，還置有觀景平台，足以將奮起湖車站和村落老街的旖旎風光一覽無遺，不可錯過！

⊙民國前一年栽種的台灣肖楠母樹林，已有近百年數齡

⊙蒼翠森林、聚落為奮起湖交織成一幅美麗畫面

⊙自巨木步道附近，可欣賞太和、塔山一帶壯麗醉人山色

交通資訊： 1 嘉義阿里山鐵路北門站，搭乘阿里山森林鐵路火車至奮起湖。

2 下國道3號中埔交流道，走18號省道經石卓，轉169縣道至奮起湖。

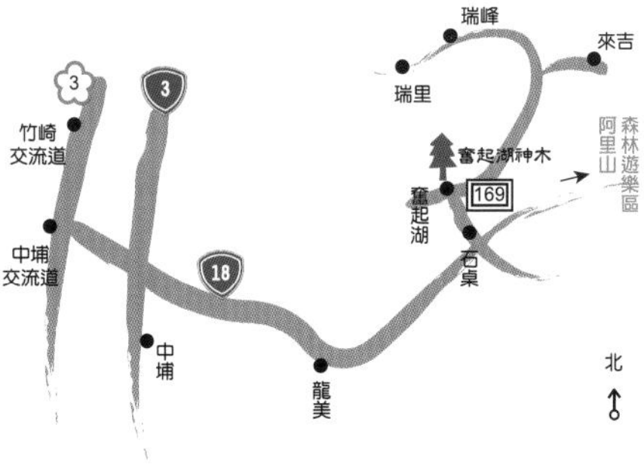

順遊景點： 大凍山步道、靈岩十八洞、流星崖、明月窟、奮起湖老街、樹石盟

⊙巨木步道深處闊葉林間，經常雲霧籠罩

⊙山城夜色為奮起湖鋪陳另種動人風情

⊙拜訪老街已成為奮起湖賞樹旅遊必走據點

12 古坑鄉石壁村九芎公

⊙九芎老樹和青楓分峙蓬萊瀑布上游的竹篙溪兩岸

樹　高：11公尺
樹冠幅：150平方公尺
樹　圍：4.2公尺
樹　齡：800年
科　屬：千屈菜科
生長位置：雲林縣古坑鄉石壁村嘉南雲峰登山口附近
海拔高度：標高約1200公尺
老樹簡介：九芎公神木屬古坑鄉石壁風景區，知名觀光景點，位於雲林縣東側邊陲山地，與阿里山鄉豐山村毗鄰而居，也是草嶺蓬萊瀑布上游源頭，以瑰麗磅礴的石壁仙谷景觀，馳名國內。

九芎公神木，是一棵神奇獨特老樹，傲然聳立於竹篙溪上游谷地，當地三面環山，青山蓊蔚，綠意襲人，散發一股原始蒼茫味道，令人神清氣爽。

神木樹幹魁梧，頂端枝椏紛歧，樹葉茂密，光滑枝條表面，隱然似曾刷上褐、白相間色彩，繽紛綺麗；底部枝幹，則突起無數樹瘤，不同角度光影下，會呈現不一樣的動物造型，深具知性趣味。

老樹前方，近年新建有九芎公廟，香煙嬝繞，迎山依水，風景迷人，已成爲石壁具代表性的景觀之一。

當地也是嘉南雲峰登山口，一路依循清晰指標，走在林蔭蔽天的原始森林下，蜿蜒攀升，約2小時即可登上絕頂，盡覽四周壯麗的山光水色。

交通資訊：下中二高竹山交流道，接台3省道，至竹山轉149縣道，經桶頭、內寮，接149乙線，在內湖復轉149甲線，左循鄉道往石壁村。

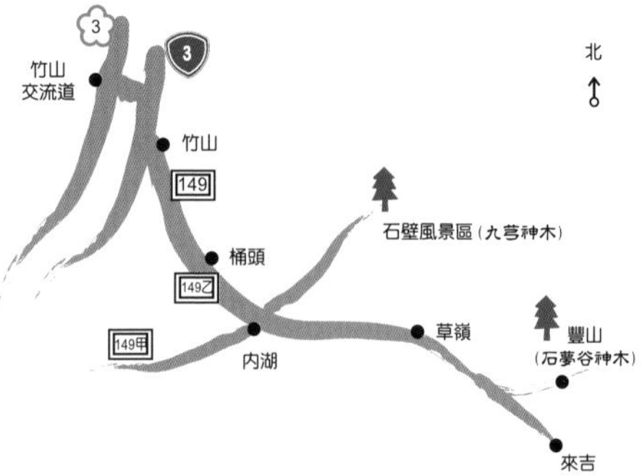

順遊景點：樟湖風線景、太極峽谷、小旗湖瀑布、
草嶺風景線、同心瀑布

⊙九芎軀幹生長許多樹瘤，形狀似各種動物，遊客不妨細看（右）

⊙枝幹分歧的老樹頂端，附生有崖薑蕨、書帶蕨、山蘇花等蕨類植物（上）
⊙九芎神木也是國內罕見巨木樹種（左）

13 阿里山鄉四君子神木

⊙二萬坪雖是阿里山登山鐵道小站，但仍持續運作中

樹　高：43公尺
樹冠幅：240平方公尺
樹　圍：8.1公尺
樹　齡：1000年
科　屬：紅檜

⊙夫妻神木比鄰而居的紅檜老樹

生長位置：嘉義縣阿里山鄉二萬坪鐵道66.3公里、65.2公里和65.7公里附近
海拔高度：標高約1900公尺
老樹簡介：四君子神木，座落在海拔約1900公尺，阿里山森林鐵路，俗稱「阿里山碰壁」的第二分道鐵路沿線，也是最近賞樹熱潮裡，由林務局公佈的南台灣千年巨木群之一。

四君子神木，主要由四株樹齡近千年的擎天古木構成，散佈在緊鄰鐵道的緩坡山麓，每株老樹皆風情獨具，特色鮮明，其中還有罕見抱石巨樹，而且沿途均在綠蔭蔽天，整齊的針葉林間穿梭，景觀清爽。

探訪神木，可以順道走訪二萬坪車站旁，茂密黝黑森林內，兩處斑駁古意的日治年代石碑，碑文記錄了早年開發阿里山區，因而罹難的日人紀念碑，亦同時見證了歷盡滄桑的台灣森林開拓史。

自森林步道走下鐵路，往嘉義方向回走，在66.3公里附近，右上森林，首見懷抱巨石，模樣親暱的夫妻樹神木，再往前走遇編號49號隧道口，轉自左側山徑迂迴而下，不久即抵四君子神木，這三棵巨樹比鄰而居，氣象恢弘，值得專程探訪。

⊙夫妻神木之一的奇特抱石樹

交通資訊：

1 下國道3號嘉義中埔交流道，接台18省道上山，經石桌至二萬坪。

2 搭阿里山森林鐵路火車，在二萬坪下車，步行前往。

順遊景點：奮起湖、二萬坪、特富野古道、新中橫景觀公路、達邦部落注意事項：拜訪神木盡量循既有步道前往，並留意火車上下行時刻，避免危險。

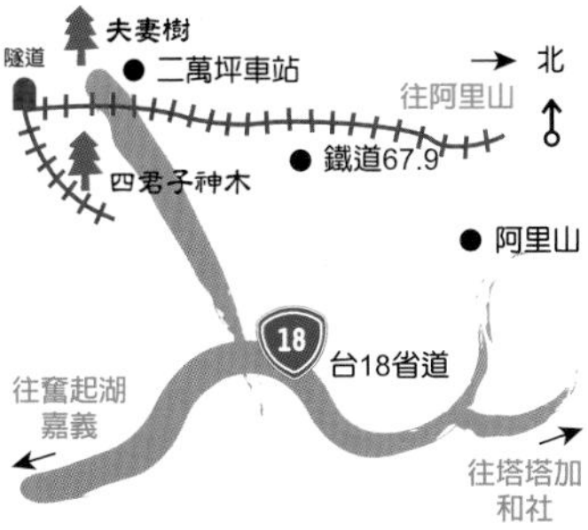

⊙四君子一號神木位在鐵道旁樹林間，容易錯過

⊙走訪四君子神木，應自49號隧道前左轉山徑約3分鐘即降抵神木區

⊙四號神木與三號神木，隔鐵道相對，矗立森林間，姿態獨特

14 阿里山鄉二萬坪神木

⊙雲霧籠罩的二萬坪，別有一番意境

樹　高：40公尺
樹冠幅：280平方公尺
樹　圍：12.2公尺
樹　齡：1900年
科　屬：紅檜
生長位置：嘉義縣阿里山鄉二萬坪鐵道67.9公里附近
海拔高度：標高約2100公尺
老樹簡介：二萬坪神木，擎天屹立於阿里山森林鐵路，二萬坪車站東方整齊人造林之中，海拔約2150公尺，是近年爲因應熱門的賞樹旅遊風氣，最新公佈的紅檜巨樹據點。

⊙二宮英雄紀念碑矗立在車站邊森林內，碑緣已缺損

二萬坪巨樹，發現時間始自日據年代，執行調查森林鐵路定線測量之際，這株千年神木雖然生長在距鐵道，僅百公尺的平緩坡地，樹幹亦屬雄偉壯碩，可惜樹齡規模均不及，當時新發現的阿里山神木，雖幸運被保留下來，卻只能默默迎送山麓間，每日往返的登山火車與遊客，直到賞樹風氣盛行，終讓老樹風采，大方公諸於世。

當搭乘阿里山森林火車上山，穿越險巇的塔山大斷崖，經過二萬坪站不久，在鐵道里程碑67.9公里附近，右側參天整齊的杉木林間，即可發現巍峨巨樹丰姿，附近仍有多株巨木深藏林中，値得遊客細心尋訪。

二萬坪附近山地，坡度和緩，屬於高山平夷面地形，昔日紅檜巨樹成林影像，早已淪爲歷史，舉目所及，多屬年輕的人造林，救國團在這片綠色樹海間，附設有青年活動中心，高雅的木屋庭園內，亦廣植櫻花與楓槭變葉樹，建構爲一處環境幽雅的渡假天地。

交通資訊：1 下國道3號嘉義中埔交流道，接台18省道上山，經石桌至二萬坪，再步行前往。
2 搭阿里山森林鐵路火車，在二萬坪下車，再步行前往。

順遊景點：奮起湖、二萬坪、特富野古道、新中橫景觀公路、達邦部落

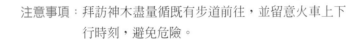

注意事項：拜訪神木盡量循既有步道前往，並留意火車上下行時刻，避免危險。

⊙神木附近山坡，還可發現許多美麗老樹

⊙鐵道邊仍遺留小朋友喜歡把玩的工作台車

⊙二萬坪神木孤獨屹立在鐵道邊坡，近日才被公開

⊙霧中彎曲鐵道加上整齊人造林建構出如夢似幻景色

15 阿里山鄉豐山村石夢谷神木

樹　高：30公尺
樹冠幅：100平方公尺
樹　圍：9.5公尺
樹　齡：1000年
科　屬：紅檜
生長位置：嘉義縣阿里山鄉豐山村大點雨嶺附近
海拔高度：標高約1900公尺
老樹簡介：石夢谷神木位於阿里山鄉豐山村大點雨嶺附近，石鼓盤溪上游谷地，距檜谷平台巨石區，僅約10分鐘步程。

⊙豐山是拜訪石夢谷神木的前哨站

⊙走訪神木可順道欣賞夢幻般的石夢谷溪床美景

拜訪神木，需循石夢谷步道前往，山徑平均寬約1公尺，臨崖修築，全程約5公里，落差近700公尺，沿線涵括了無數精彩的自然風情，其中有石夢谷瀑布、巨石窟、紅檜巨木、石夢谷、魔鬼世界等據點，是一條生態資源豐富的山林步道。

自豐山村雌嶽瀑布附近登山口，經仙夢園農場、巨石窟，90分鐘後，一道長近百公尺的線瀑，沛然而下，前方便是綠意盎然的檜谷平臺，此處參天檜木交錯林立，風華無限，迎著淙淙水聲，雲霧在茂密的針闊葉林間瀰漫，建構了一份奇特詭異且幽靜浪漫的美麗天地，展現世外桃源般出塵的絕美風華。

檜谷溪岸，險巘垂直山壁上勁生一株紅檜巨木，景觀獨特；自巨岩溪岸，右上山徑10分鐘裡，可探訪4棵生趣盎然的千年神木，相當划算，最古老巨樹，即稱石夢谷神木，或大點雨神木。

原路返回檜谷，朝上游紆曲步道深入，40分鐘後，降抵佔地數公頃的石夢谷砂岩溪床，此地已近石鼓盤溪源頭，岩面上漾流著似白紗般輕柔溪水，侵蝕成無數大小不一的天然壺穴或石井、石臼地形，或淺或深，展現大自然鬼斧神工的奇妙風情。

1. 檜谷巨石平台是前往神木或石夢谷的重要分岔點

2. 千人洞也是豐山附近主要景觀，值得順道拜訪

3. 石夢谷步道迂迴崎嶇，行程時間安排須有餘裕

4. 石夢谷岩石溪床孕育了綿延的石臼深潭，景觀神奇

5. 檜谷平台峭壁勁生一株紅檜老樹，景緻獨特

6. 石夢谷神木拔地而起巍峨矗立在峻峭山坡，氣象萬千

上游岩床呈現原始的峽谷風貌，溪岸間茂密原始林，虬結交錯，枝椏上披上厚實絨狀松蘿，與繽紛的蕨類植物，在雲岫四起之際，便恍如走進綠色幻境般的魔鬼世界，營造一份獨特的浪漫氛圍。

交通資訊： 1 下國道3號梅山交流道接台3省道至梅山接162甲縣道經太平、瑞里、太和至豐山村。

2 下國道3號竹山交流道接台3省道轉149縣道經草嶺往豐山村。

順遊景點： 豐山風景區、草嶺風景區、來吉風景區、瑞里、奮起湖

16 五股鄉凌雲古寺重陽樹

⊙凌雲寺古碑見證廟宇歷史，也間接顯現老樹價值

⊙觀音山生態步道風景區結合古寺賞樹風情，極富情趣

樹　高：17公尺

樹冠幅：260平方公尺

樹　圍：6.7公尺

樹　齡：300年

科　屬：大戟科

生長位置：台北縣五股鄉凌雲古寺後院

老樹簡介：凌雲古寺俗稱內岩寺，創建於清乾隆初葉，並於光緒年間毀於戰亂，隨後地方人士在原址重建，始稱凌雲古寺，重陽木老樹便位在古色古香的名剎後院。

寺院內，俗稱重陽木的茄苳古樹有兩棵，右護龍前方，樹齡略小的百年茄苳旁，建有素雅涼亭，供遊客休息；穿過步道走訪後院，古寺高大壯碩的茄苳老樹，便默默佇立路旁，巨大樹身下方，還設有石造福德祠，爲老樹風情更添古意，遺憾的是巍峨巨樹，遭鐵欄杆圍護，讓人與樹之間，多了藩籬，少了份親切，這也是美中不足之處。

交通資訊：下中山高五股交流道，接107縣道至成子寮轉北53鄉道凌雲路至三段凌雲古寺。

順遊景點：觀音山、開山院、凌雲古寺、西雲岩寺、石佛古道

⊙古寺左廂前方還佇立一株樹齡略小茄茎，樹形優美（左）

⊙重陽古樹雖歷經無數滄桑歲月，依然枝繁葉茂，生氣蓬勃（右）

17 平溪鄉十分寮茄苳樹

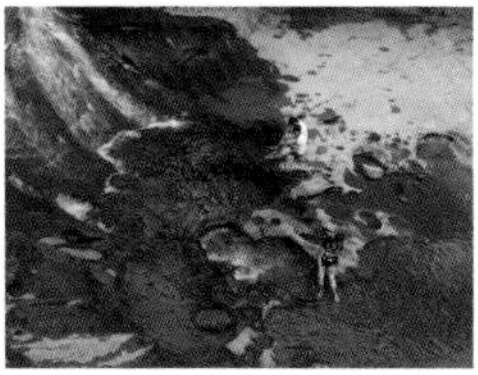

⊙基隆河沿岸溪床孕育無數石井與石穴，景緻神奇

⊙基隆河沿岸岩石洞穴成為遊客避暑寫生的絕佳去處

樹　高：15公尺

樹冠幅：100平方公尺

樹　圍：4.5公尺

樹　齡：130年

科　屬：大戟科

生長位置：台北縣平溪鄉十分瀑布風景區內

老樹簡介：平溪鄉十分寮茄苳老樹，目前依舊生機盎然，神采奕奕，生長在基隆河上游著名的十分瀑布風景區內，只要進入園區，即能發現老樹巍然佇立溪畔，展現其優雅風采。

⊙十分寮瀑布氣勢磅礡，是國內最大簾幕瀑布

鮮活老樹旁，便是水勢沛然，知名的十分寮大瀑布，這是座由基隆河斷層陷落，所形成的逆斜層硬岩瀑布，瀑簾向上游內彎呈弧形傾斜，落差約20公尺，寬約30公尺，水氣奔騰，岫霧瀰漫，氣勢雄渾，擁有台灣尼加拉瀑布美譽。

⊙茄苳老樹依偎在基隆河畔，風情獨具

⊙十分寮重陽木樹形優美勻稱，活力無窮

可惜園區對老樹生長背景，依然懵懂，並不了解該株老樹歷史，究竟係原生，或移植，但無論如何，十分寮茄苳樹，仍是一株值得順訪的美麗老樹。

交通資訊：下北二高國道3號深坑交流道，接106縣道至深坑老街。

順遊景點：深坑古厝、四龍瀑布、市立動物園、石碇老街、皇帝殿山、十分瀑布

18 深坑鄉古街老樹

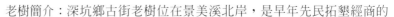

⊙深坑永安居是鄰近老樹的三級古蹟

樹　高：14公尺
樹冠幅：200平方公尺
樹　圍：4.7公尺
樹　齡：130年
科　屬：大戟科、樟科
生長位置：台北縣深坑鄉老街三叉路口
老樹簡介：深坑鄉古街老樹位在景美溪北岸，是早年先民拓墾經商的休息驛站，兩棵老樹正好處於馳名的豆腐老街入口，儼然成爲天然的深坑地標。

⊙茄苳老樹矗立在道路中央，為昔日先民來此拓墾的休憩處

茄苳老樹佇立於交通繁忙的道路中央，古樟則巍峨聳立在老街入口另側，一左一右，共同守護著昔日的通商古道，仔細觀察，在舊橋北岸，還能發現一塊日據年代建橋石碑。

老樹附近的三級古蹟－「永安居」古厝，爲紫雲衍派黃氏家族著名古宅之一，正好與筆者有同宗之誼，十分巧合；永安居建築細緻考究，雕塑精彩，名列台灣十大民宅，值得遊客深入欣賞。

交通資訊：

1 下國道3號深坑聯絡道，接106縣道至深坑老街。

2 下國道5號石碇交流道，接106縣道至深坑老街。

順遊景點：深坑古厝群、四龍瀑布、市立動物園、石碇老街、皇帝殿山

⊙深坑老樹位於老街入口

⊙永安居火形馬背裝飾鮮麗極具特色

⊙深坑豆腐是拜訪老街賞樹之餘，不能錯過美食

⊙溪畔樹叢間，常能發現鷺科鳥類蹤跡

19 復興鄉霞雲坪老茄苳

樹　高：18公尺
樹冠幅：250平方公尺
樹　圍：6公尺
樹　齡：250年
科　屬：大戟科
生長位置：桃園縣復興鄉霞雲坪附近北橫公路旁
老樹簡介：霞雲坪茄苳老樹，座落於霞雲坪攀岩場下方的北橫公路溪畔，壯碩扭曲的黑褐色枝幹，緊緊貼近溪邊崖壁，巍峨勁生，甚至部分枝椏已懸空深入溪谷，卻依然生意盎然，穩若泰山，感受了大自然力量的神奇。

⊙茄苳老樹瀕溪而立，根部易受溪水沖刷，極待保護

⊙老樹背依清澈小溪，淙淙而流，但在雨季仍可能危及老樹生存

老樹巨大樹幹，可能受過傷病侵襲，留下一處樹洞傷口，讓偉岸身軀，略顯龍鍾老態，樹前道路彎曲處空地，則被鄰近居民，用來搭棚販賣水蜜桃，讓老樹身影更被忽略了。

幸好桃園縣政府，已將老樹納入保護，並設立解說牌，為低海拔老樹保育，又豎立一處里程碑。

⊙老樹附近的復興吊橋，橫跨大漢溪是北橫三大名橋之一

交通資訊： 1 下國道3號大溪交流道，左轉經埔頂至大溪市區，接台7號省道（北橫公路），至復興鄉霞雲坪攀岩場下方北橫公路旁。

2 自宜蘭開車經台7號省道西行，至棲蘭後北上，經巴陵至復興鄉霞雲坪攀岩場下方北橫公路旁。

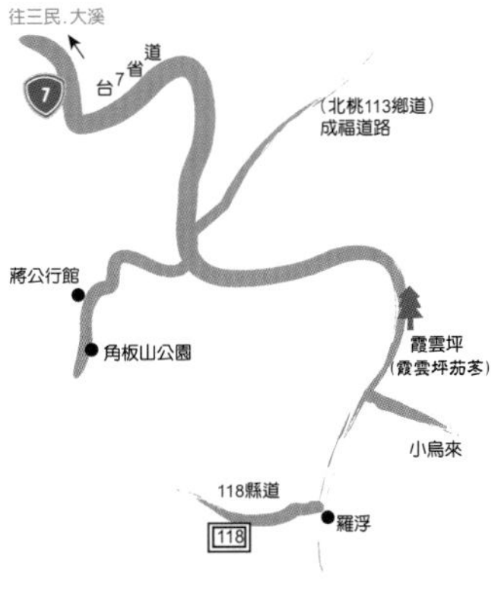

順遊景點： 角板山公園、蔣公行館、霞雲坪、三民蝙蝠洞、小烏來瀑布、復興橋

20 復興鄉復興山莊老樹群

⊙自角板山公園可盡情欣賞大漢溪河階台地綺麗風光

樹　高：20公尺

樹冠幅：150平方公尺

樹　圍：4.2公尺

樹　齡：160年

科　屬：樟科

生長位置：桃園縣復興鄉角板山公園內

老樹簡介：復興山莊老樹群，分布於角板山公園內，主要老樹由樟樹、台灣肖楠與古榕構成，這些老而彌堅大樹，多具有百年以上樹齡，極爲珍貴，尤其屹立於派出所兩側的百年肖楠老樹，更是罕見，值得用心保護。

老樟樹則高聳於救國團復興青年活動中心前方庭院中央，成爲山莊顯著地標，默默伴隨著無數年輕人的歡笑歲月與悲歡離合，也見證了當地居民的風霜與無奈。

公園內蓊鬱老樹成林，無形中豐富了當地自然生態，經常可以發現色彩繽紛的山鳥啾囀其間，加以臨崖處，又能欣賞彷若中國溪口台地優美的大漢溪河階風光，早已成爲遊客最愛。

⊙復興山莊前院老樟樹已有百餘年歷史

⊙前院老樟樹冠枝繁葉茂，呈現盎然生機

交通資訊： 1 下中二高大溪交流道，左轉經埔頂至大溪市區，接台7號省道（北橫公路），至復興轉入角板山公園。

2 自宜蘭開車經台7號省道西行，至棲蘭後北上，經巴陵至復興轉入角板山公園。

順遊景點： 溪口吊橋、蔣公行館、霞雲坪、三民蝙蝠洞

⊙角板山蔣公行館園區遍植疏林，獨樹一幟

⊙角板山公園內老樹扶疏，綠意盎然

21 關西鎮錦仙世界楊梅老樹

⊙楊梅阿嬤老樹枝幹底層的樹洞，對老樹生存出現危機

⊙楊梅阿嬤老樹臨崖而立視野絕佳

樹　高：20公尺
樹冠幅：120平方公尺
樹　圍：3.7公尺
樹　齡：160年
科　屬：楊梅科
生長位置：新竹縣錦仙森林世界遊樂區內
老樹簡介：錦仙森林世界深處，孕育的百年楊梅老樹，巍然挺立於馬武督山麓，附近遍佈蒼翠原始森林，以及靜謐清新河谷，景象優美壯麗。

錦仙世界百年楊梅，可能是目前國內最古老楊梅樹，共有兩株，楊梅爺爺，位置稍低，磐根虯結的軀幹，臨崖而立，樹身傾斜，枝椏橫生，樹葉茂密，正好位於觀景平台邊，視野遼闊，讓人心曠神怡。

楊梅婆婆，佇立在平緩的原始闊葉森林高處，樹形挺拔，樹身依然盤根錯節，滿佈風霜味道，散發一股濃郁的藝術氣息，饒富自然野趣。

目前園區尚在規劃整建，並未開放，但賞樹原木步道，已完工，未來營運後，結合園區內美麗的森林浴步道，以及壯麗瀑布，將成爲新竹地區熱門的遊憩據點。

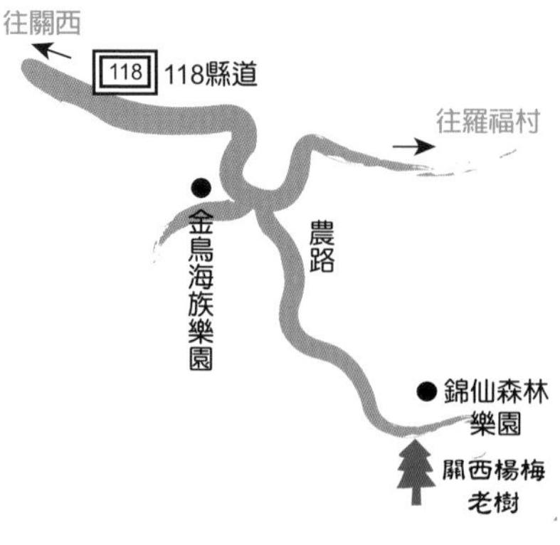

交通資訊：下北二高關西交流道，接118縣道南下抵金鳥海族樂園前方約50公尺，右上農路，循往錦仙森林公園指標而入，約4公里即至。

順遊景點：關西古厝、東安橋、涵谷關、蝙蝠洞、竹東古厝、金桃山遊樂園

⊙楊梅阿公矗立在山腹原始林間，未細看容易錯過老樹風采

⊙園區溪畔抱石樹姿像似一隻蹲伏雷龍模樣可愛

22 峨嵋鄉獅頭山七星樹

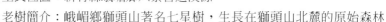

⊙峨嵋鄉七星村即是以這七星樹命名

樹　高：16公尺
樹冠幅：300平方公尺
樹　圍：8.6公尺
樹　齡：400年
科　屬：樟科
生長位置：新竹縣峨嵋鄉六寮古道溪源
老樹簡介：峨嵋鄉獅頭山著名七星樹，生長在獅頭山北麓的原始森林中，樹幹底部相連，頂端有七大枝幹，宛若北斗七星而得名，當地七星村，便是以樹爲名的前清古老村落。

七星古樟樹形奇特，深處於峨嵋山區六寮古道，石子溪上游溪源，親水性十足；探訪此樹，宜自遊客中心西側走下古道入口，此後步道沿著平緩溪谷，蜿蜒而上，古道沿途生態豐腴，林相優美，流水琤淙，景緻迷人。

樹林茂密的步道旁，還設置不少自導式解說牌，以及富有古早味的農具器皿，讓訪樹之旅，多了份純樸的人文之美，輕鬆漫步 40分鐘，抵達農舍，向右轉入濕滑陡峭山徑，不久踏上原木棧道，再10分鐘，即可欣賞七星樹的神秘風采。

交通資訊：1 下北二高竹林交流道，接120縣道，在石壁潭，轉122縣道至竹東，接台3號省道，經北埔至峨嵋轉竹41鄉道，至獅頭山遊客中心。

2 下中山高頭份交流道，循124縣道至珊珠湖，轉台3省道至峨嵋，轉竹41鄉道，至獅頭山遊客中心。

順遊景點：獅頭山風景區、北埔古蹟群、大埔水庫、秀巒公園、竹東古厝

⊙水簾洞是七星樹附近，輕鬆且獨特的風景據點

1. 藤坪古道沿線樸拙的農舍
2. 此處為七星樹賞樹步道重要叉路，不要錯過了
3. 七星樹位於原始林間，自背面望去，呈現一份神秘氣氛

23 北埔鄉二寮神木

⊙二寮神木質樸的告示牌

樹　高：20公尺
樹冠幅：250平方公尺
樹　圍：7.2公尺
樹　齡：500年
科　屬：樟科
生長位置：新竹縣北埔鄉二寮山麓
老樹簡介：北埔鄉二寮神木，擎天昂立在大湖溪支流山麓，附近遍佈蒼翠原始森林，以及靜謐清新河谷，景象優美壯麗。

二寮神木屬於古老樟樹，樹下設有一座古拙土地伯公祠，以及斑駁古碑，與早年先民入山拓墾生活，息息相關，人文色彩濃厚。

自停車場，仰視神木，樹姿高聳入雲，四周花木扶疏，營造出公園化的幽雅意境；走上曲折的原木棧道，赫然發現老樹身上，傷痕累累，幸好經過診治，神木重新拾回健康，依舊神采奕奕，期待陪伴鄉民，創造另一個世紀的幸福。

⊙神木後方保存有石質二寮伯公祠，以及文字已湮滅的古老石碑

⊙假日的二寮神木，遊客絡繹不絕

交通資訊：1 下北二高竹林交流道，接120縣道，在石壁潭，轉122縣道至竹東，接台3號省道至北埔，轉竹39鄉道約4公里抵神木區。

2 下中山高頭份交流道，循124縣道至珊珠湖，轉台3省道至北埔，轉竹39鄉道約4公里抵神木區。

順遊景點：獅頭山風景區、北埔古蹟群、大埔水庫、秀巒公園、竹東古厝

⊙慈天宮是北埔地區信仰中心，廟前道路即可銜接二寮神木

⊙二寮神木已經規劃為神木公園，
提供遊客安全的遊憩空間

⊙二寮神木遍生樹瘤，根部
曾遭腐菌侵襲，保存有醫
治痕跡

24 峨嵋鄉張屋橋古樟

樹　高：18公尺

樹冠幅：250平方公尺

樹　圍：5.4公尺

樹　齡：180年

科　屬：樟科

生長位置：新竹縣峨嵋鄉焿寮坑張屋橋畔

老樹簡介：張屋橋古樟，巍峨聳立在橋畔，焿寮坑福德祠北側山麓，雖然距離車潮川流的省道不遠，但因軀幹深隱在翠綠山色之中，鮮少引起遊客注意，自然成爲沒沒無聞的鄉間老樹。

⊙張屋橋樟樹枝幹反向彎曲極具特色

⊙老樹生長在翠綠山坡，旁邊空地已成居民停車場

古樟悠然佇立在幾近乾涸小溪畔，四周群山環繞，此處居民以張姓族群爲主，故而小橋即以張屋爲名。

老樟樹主幹粗壯，枝葉茂密交織，形成如蔭巨傘，默默庇護在樹下嬉戲幼童，居民有感於老樹伯公神威靈赫，於是集資肇建福德祠，也成爲山居鄉民，精神信仰中心。

老樟背臨竹叢民居，枝幹上爬滿藤蔓與蕨類植物，呈現一份生機盎然且原始風貌，景觀獨特。

交通資訊： 1 下北二高竹林交流道，接120縣道，在石壁潭，轉122縣道至竹東，接台3號省道，經北埔至峨嵋。

2 下中山高頭份交流道，循124縣道至珊珠湖，轉台3省道至峨嵋 。

順遊景點： 獅頭山風景區、北埔古蹟群、大埔水庫、秀巒公園、竹東古厝

1. 樹身上可發現數量繁複的依附植物，建構了微小的生態空間

2. 張屋橋老樹臨近峨嵋溪，風景清爽秀麗

3. 老樟樹佇立在福德祠旁，景緻清新

25 關西鎮渡船橋畔烏榕公

⊙烏榕果實，是鳥類喜愛的植物之一，也是烏榕絕佳繁衍途徑

樹　高：12公尺

樹冠幅：150平方公尺

樹　圍：4.7公尺

樹　齡：180年

科　屬：桑科

生長位置：關西鎮渡船橋頭堤岸邊

老樹簡介：雀榕老樹屹立於渡船橋頭溪岸下方，幽深的竹叢灌木間；老樹枝幹雖然不高，卻也枝葉蔥蔚，綠意盎然，昂首護衛這處美麗的山水大地。

渡船大橋橫跨鳳山溪兩岸，為早年搭船橫度惡水之處，早年移墾先民，為祈求平安，自然在老樹前方，設立土地公祠，這尊美麗石雕土地公，便長年佇立河口，默默庇護著渡河先民，也讓老樹伯公成為當地知名地標。

⊙雀榕老樹依然壯碩強健活力無窮

交通資訊：下北二高關西交流道，轉118縣道，至關西轉明德路右行竹26鄉道至渡船大橋。

順遊景點：關西古厝群、涵谷關、金桃山樂園、錦山蝙蝠洞

⊙結實累累的烏榕，意境別具

⊙黑冠麻鷺停棲於附近老樹枝椏，模樣可愛

⊙渡船橋頭老雀榕伯公祠內，供奉一座石雕土地公

⊙巍峨屹立於鳳山溪畔的雀榕老樹丰姿壯麗

26 獅潭鄉三洽坑大樟樹

樹　高：21公尺

樹冠幅：300平方公尺

樹　圍：6.5公尺

樹　齡：210年

科　屬：樟科

生長位置：苗栗縣獅潭鄉三洽坑台3省道旁

老樹簡介：三洽坑大樟樹位於台3省道下方，當地正好處於神桌山麓，三道小溪匯流點附近而得名；自公路上朝溪谷方向眺望，輕易便可發現似綠傘聳立的瑰麗巨樟，景象十分顯眼。

三洽坑巨樟，據說是當地客家族群珍貴的開庄伯公樹，擁有極爲特殊的歷史地位；在老樹前方，還保存一座由4塊石板砌築的簡易伯公祠，斑剝古樸色彩，更見證了祂的價值。

這株百年伯公巨樹，自龜裂樹幹，雖可輕易讀出它滄桑的成長歷史，但祗要仔細觀察，從它壯碩磐虬的枝幹，以及蒼翠繁茂枝葉，卻依然得以發現大樟樹，生機盎然且老而靡堅的事實。

⊙三洽坑老樹下，仍保存斑駁的石板伯公，古意盎然

⊙老樟樹枝椏粗壯綠葉蔽天

⊙三洽坑老樟樹外形健康壯碩，佇立在三水會流處附近而得名

交通資訊：下中山高頭份交流道，接124縣道東行，轉台3省道南下，過中港溪橋，不久抵員林村，再南下約6公里抵三洽坑，大樟樹在公路右下方。

順遊景點：明德水庫、神秘谷、仙山、石觀音寺

⊙老樟樹巍峨矗立在台3號省道下方，遊客可輕鬆欣賞它的芳華

⊙三洽坑老樟樹是當地客籍拓墾居民，庇祐平安的伯公樹

27 卓蘭鎮上新里古榕

⊙上新里老樹生長在大安溪右岸河階上

樹　高：17公尺

樹冠幅：320平方公尺

樹　圍：5.4公尺

樹　齡：200年

科　屬：桑科

生長位置：苗栗縣卓蘭鎮上新里苗58鄉道旁

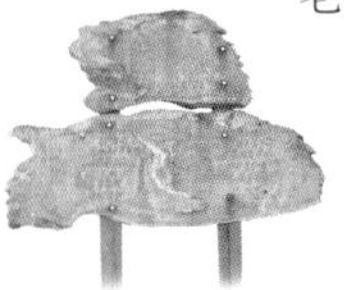

老樹簡介：上新里古榕，位踞早年通往雪山坑蕃地路旁，礙於蕃害頻仍，當地開發年代自然稍晚，卻因鄰近內灣觀光果園，而成爲卓蘭知名老樹。

卓蘭山地早期爲南勢蕃（泰雅族）活躍區域，地勢險要，清朝名將林朝棟，便曾率軍圍勦；日據初期也是抗日古戰場，市區東側山麓便遺留一座軍民廟，作爲歷史見證。

老榕樹生命力強盛，枝葉繁茂，枝幹氣根，虯結勁生，綠意盎然的樹冠枝枒，凌空而過，形成綠樹隧道，十分獨特；樹旁新穎伯公廟，爲當地信仰中心，經常可見居民前往膜拜。

交通資訊：自中山高豐原系統轉國道4號東行，接台3省道，經石岡至卓蘭中正路，轉中山路（苗58鄉道），往內灣、白布帆方向，約1.5公里路旁。

順遊景點：軍民廟、食水坑休閒園區、內灣觀光果園、長青谷

⊙上新里古榕，共有兩棵，一大一小，將道路天空完全掩蓋

⊙老樹根將泥土牢牢抓住，充分展現老樹對水土保持的貢獻

⊙老樹旁蓋新福德祠，說明了老樹在居民心中的地位

28 造橋鄉豐湖村老樟樹

樹　高：21公尺
樹冠幅：300平方公尺
樹　圍：5.6公尺
樹　齡：350年
科　屬：樟科
生長位置：苗栗縣造橋鄉豐湖村伯公廟旁
老樹簡介：造橋鄉豐湖村老樟樹，生長在牛寮坑溪畔的山坡高地，挺拔老樹，悠然佇立在幽篁竹叢邊，綠蔭掩映，景緻清爽。

古樟依偎在簡樸的伯公廟旁，樹下還擺設一方斑駁古碑，見證了老樹存在歷史，此處據說是當地開庒伯公廟，老樹威靈顯赫，曾有伐樟者，前往盜伐，致身體嚴重不適狀況發生，讓竊賊知難而退，也赫阻了傷害老樹行為；

老樹神威遠播，祈求財運者眾，每逢中秋「作牙」祭典，總吸引許多前往還願信徒，也是老樹伯公最熱鬧的祭典時光。

交通資訊：下國道3號後龍、苗栗交流道，接台6省道西行，再轉台1省道北上，至後龍接126縣道東行，經二張犁庒，左轉台13省道，至豐湖國小前牛媽媽農場岔路右轉，近農場前分岔則取左行，約1公里即至。

順遊景點：鄭崇和墓園、香格里拉樂園、福星山公園、龍昇湖、明德水庫

⊙造橋豐湖村老樹，底層樹幹已有明顯腐朽跡象，值得重視

1.自蒼翠秀麗的田媽媽牧場前方道路北上，即可輕鬆找到老樹
2.樟樹伯公早年可能曾遭雀榕著生，仍可發現侵擾痕跡
3.豐湖村大樟樹為當地伯公樹，極受尊崇
4.大樟樹旁仍保存一方辛亥年興建福神廟的斑駁石牌，更添古意

29 竹南鎮港仔墘古榕

⊙竹南中港溪畔義渡碑公園，極具特色，不要錯過了

⊙三級古蹟竹南慈裕宮和老樹都是珍貴文化資產，值得安排同遊

樹　高：10公尺

樹冠幅：160平方公尺

樹　圍：6.3公尺

樹　齡：180年

科　屬：桑科

生長位置：苗栗縣竹南鎮港仔墘社區

老樹簡介：竹南鎮港仔墘古榕，座落在寧靜古老的社區內，當地因瀕臨清代中港古河口而得名，係苗栗縣地理位置最北端城鎮，擁有獨特人文歷史。

竹南鎮中港，開發年代始自清代康熙末年，曾是古市鎮艋舺與鹿港間，商機活絡的古老港口，往昔中港溪兩岸，還設立官義渡，今日在中港溪渡船頭遺址，仍保留有官義渡紀念碑，並規劃雕塑與自然公園，提供民眾遊憩憑弔。

港仔墘古榕，位在新闢外環道高架橋邊，仔細觀察，自遠處即可發現老樹，似綠色巨傘般身影，走進古意盎然的傳統聚落，來到斑駁古厝後方，便可輕鬆探訪樹姿優美，枝葉蓊鬱的蒼勁古榕。

交通資訊： 1 下國道1號頭份交流道，接台1省道南下，轉124縣道，至竹南市郊 港仔墘社區。

2 下國道3號香山交流道，接台13省道南下，轉竹南鎮內鄉道，至市郊 港仔墘社區。

順遊景點： 中港溪義渡碑公園、慈裕宮、后厝龍鳳宮、龍昇湖、永和山水庫

⊙港墘社區老樹枝幹分歧，可能是由數棵古榕構成

⊙港墘老樹宛如張開的綠色巨扇，樹形優雅

30 後龍鎮二張犁刺桐

樹　高：12公尺
樹冠幅：200平方公尺
樹　圍：5公尺
樹　齡：140年
科　屬：豆科
生長位置：苗栗縣後龍鎮二張犁126縣道旁
老樹簡介：二張犁刺桐位於後龍鎮東郊，縱貫線鐵道豐富站附近的二張犁庄，兩株巨大刺桐，便相互依偎在古樸的小廟後方，若在每年春季花開季節前來，景象更爲瑰麗，十分顯眼。

這兩棵刺桐是當地先民珍貴的開庄老樹，擁有極爲特殊的歷史地位；在老樹前方，還保存一座砌築簡樸的土地公祠，以及近百年的重修廟宇碑記，斑剝古樸色彩，更見證了祂的價值，

這兩株百年巨樹，枝幹盤虯，分歧交錯，綠葉蒼茂，但樹身卻不乏烙印傷痕，這是傳說刺桐樹皮可當藥引的結果，祇要用心觀察，即可輕易讀出它滄桑的成長歷史。

交通資訊：下國道3號後龍、苗栗交流道，接台6省道西行，再轉台1省道北上，至後龍接126縣道東行，抵二張犁庄。

順遊景點：鄭崇和墓園、香格里拉樂園、福星山公園、龍昇湖、後龍觀光運河

⊙刺桐枝幹紋路極具特色，相當容易辨別

⊙這兩株刺桐老樹，已成為當地知名伯公樹

⊙伯公廟旁還遺留一棵苦楝樹，為古祠增添風

⊙後龍刺桐位於後龍溪畔的二張犁地區

⊙廟旁仍保存據說為乾隆年間的創廟石板，與光緒末葉古碑，極具歷史意義

⊙拜訪老樹之餘，無妨驅車順遊後龍珍貴的二級古蹟鄭崇和墓園

31 苗栗市麻園坑刺桐

⊙麻園坑一帶綠樹修竹掩映的農舍頗具桃花源祕境，引人入勝

樹　高：11公尺

樹冠幅：150平方公尺

樹　圍：4公尺

樹　齡：110年

科　屬：豆科

生長位置：苗栗市麻園坑金陽橋前方

老樹簡介：刺桐又名雞公樹，是取其花形色彩酷似雞冠而得名，每年三、四月間，是老樹盛花季節，火紅的花卉，綻放枝頭，就像一束美麗的新娘捧花，繽紛耀眼。

⊙苗栗麻園坑刺桐，據傳為當地平埔族人種植

麻園坑刺桐，位在純樸的坑內溪畔，三面環山，寧靜優雅，生態原始自然，因此沿溪規劃了一條美麗的自行車道，提供旅客精彩的悠遊天地。

坑內刺桐樹不少，但以金陽橋前方老樹，較具規模，樹下還體貼設立一塊解說牌，幫助遊客了解植物生態，另就人文觀點而言，這些刺桐老樹，似乎也暗示了當地早年可能屬於平埔族棲地的史實。

⊙麻園坑鄰近福星山公園與古蹟牌坊，值得順道旅遊

交通資訊：下國道3號後龍、苗栗交流道，接台6省道東行，至麻園坑口加油站前，右轉入麻園坑金陽橋

順遊景點：鄭崇和墓園、香格里拉樂園、福星山公園、文昌祠、後龍觀光運河

⊙刺桐老樹為麻園坑自行車道美麗據點之一

32 后里鄉日月神木

⊙日月神木已成為附近居民活動中心

樹　高：26公尺

樹冠幅：600平方公尺

樹　圍：6公尺

樹　齡：約400年

科　屬：樟科、桑科

生長位置：台中縣后里鄉甲后路490巷86號附近

老樹簡介：后里鄉日月神木，雄踞在俗稱墩子腳的后里台地，巍峨樹形，兀立於鄉街田園之間，氣勢雄渾，震撼人心。

日月神木是由兩株巨大古樹結合而成，樟樹壯碩偉岸，榕樹修長扶疏，宛若天之日月，神韻天成，自然吸引了無數遊客前往攬勝。

這兩株相互依偎的瑰麗老樹，樹形優雅雄偉，在當地早已成爲鄉民早晚膜拜的神祇，蔥蔚樹冠底下，亦設立簡樸福德祠，供信徒奉祀，據說十分靈驗呢！

交通資訊：1 下國道3號大甲、外埔交流道，接132縣道甲后路東行，經月眉糖廠，至后里甲后路490巷或走成功路，左轉約1.5公里。

2 下中山高后里交流道，接132縣道甲后路東行，至后里甲后路490巷或成功路，左轉約1.5公里。

順遊景點：月眉糖廠、后里馬場、澤民樟公樹、觀音山、鳳凰山步道、毘盧寺

⊙古榕氣根自高處向下伸展觸地後，形成氣根支柱，景象神奇

⊙日月神木是由壯碩古樟與高大榕樹組合而成

⊙象徵日月的巨樟與古榕成就一段不凡的傳奇

33 潭子鄉大豐村古榕公

⊙大榕樹福德祠是大豐村附近居民活動中心

樹　高：16公尺

樹冠幅：400平方公尺

樹　圍：5.6公尺

樹　齡：200年

科　屬：桑科

生長位置：台中縣潭子鄉大豐村福德祠旁

老樹簡介：古榕公位於潭子鄉大豐村圳溝旁，樹形優美，傍依古樸福德祠；百年古榕公，便指廟前雄峙的兩棵高大古榕樹，細看樹幹根部，還可發現有塊斑剝土地公碑，見證老樹珍貴的歷史價值。

福德祠旁寬廣空地，結合生機盎然老樹綠蔭，沁涼舒適，自然淪爲兒童和老人絕佳的休閒天地，古榕公距摘星山莊古蹟約僅1公里，適合順道同遊，祇是面對傾圮破敗古厝，讓人更覺世事滄桑和無奈。(摘星山莊修建工程目前進行中)

交通資訊：1 下中山高中清路、大雅交流道，左轉環中路，經大豐路，左轉至大豐村。

2 下中二高快官交流道，轉中彰快速道路，接環中路，至大豐路左轉抵大豐村。

順遊景點：摘星山莊、筱雲山莊、開拓史碑公園、台中文昌廟、社口大夫第

⊙大榕樹底層樹幹另還擺設福德正神香位石碑和香爐，供信徒膜拜

⊙大豐村古榕樹冠廣大，幾乎將福德祠的天空遮蔽，景象壯麗

⊙大豐村賞樹之旅，同時可以欣賞兩株老樹丰采，相當值得（上）
⊙古蹟摘星山莊是賞樹之旅，值得探訪的美麗據點（下）

34 潭子鄉潭子街老樹

⊙潭子街老樟樹，矗立在潭陽社區兒童遊樂中心內

樹　高：17公尺
樹冠幅：250平方公尺
樹　圍：4.7公尺
樹　齡：180年
科　屬：樟科
生長位置：台中縣潭子鄉潭子街46像28號福德祠旁
老樹簡介：潭子鄉潭子街老樹，深藏於潭子市區的巷弄之中，是一株龐然魁梧的大樟樹，昔日曾是社區托兒所，孩童的遊憩天地。

⊙仔細觀察，老樹前方還豎立一塊鵝卵石祭拜，自然崇拜心境表露無遺

古樟樹巍然雄峙於櫛比相連的樓房之間小坵上，前方砌築一座簡樸斑駁福德祠，廟壁被香火燻成一片黝黑，可以想見當地居民，對老樹的信仰與愛戴。

廟後還有一座小廟，與一塊石面以朱漆彩繪符咒的鵝卵石，共同享受人間香火；老樹周圍，則築有一道馬蹄形短牆，格局神似客家村落傳統墓制老樹伯公，極具特色。

交通資訊：

1. 下中山高中清路、大雅交流道，左轉環中路，經潭子市區，轉入潭子街。
2. 下中二高快官交流道，轉中彰快速道路，接環中路，經潭子市區，轉入潭子街。

順遊景點：摘星山莊、筱雲山莊、開拓史碑公園、台中文昌廟、社口大夫第

⊙老樟樹前方仍保留昔日小巧古意的福德祠

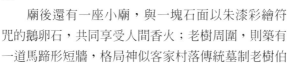

⊙老樹龜裂枝幹上依附不少蕨類植物，生意盎然

35 新社鄉中和村老樹

樹　高：18公尺
樹冠幅：250平方公尺
樹　圍：5.7公尺
樹　齡：200年
科　屬：桑科
生長位置：台中縣新社鄉中和村中和國小附近路旁
老樹簡介：新社鄉中和村老樹，爲兩株緊抱的茄苳與雀榕，結合的奇特古樹，又稱雙色樹，係生命力強悍的雀榕，纏勒一株魁梧茄苳老樹，眞實演繹植物社會的弱肉強食生態影像，極爲珍貴神奇。

纏勒的茄苳雀榕老樹，姿態高大優美，傲然立於抽藤坑溪左岸河階，視野所及，俱是翠綠山色，林木蒼秀，溪畔果園，結實累累，溪水淙淙，環境清幽雅靜，風韻天成。

老樹前方有座石板搭建，小巧古意的土地伯公祠，以及簡樸萬善公祠，共同守護這處迷人家園。

遠處溪源，還遺有清代撫番的張大人營盤址，附近則有白冷圳倒虹吸管景觀，人文色彩相當豐腴，值得遊客深入探索。

交通資訊：下中山高豐原系統轉4號國道，接台3省道，至東豐橋前右轉129縣道，至中興嶺，左轉新五村、谷關方向，至中和村。

順遊景點：新社香草花園、白冷圳、臥龍崗露營區、五福臨門神木、大坑步道

1.細看雀榕枝幹雖然不大，卻已將茄苳老樹一半樹幹給包圍住了
2.老樹前方伯公廟採用墓碑狀形式，屬於客家系統做法
3.遠東最長虹吸管位於中和村入口，無妨順道欣賞
4.中和村平坦河階，種植許多甜美果實，風景秀麗，吸引不少遊客蒞臨
5.中和村河階在土石流肆虐後，重建的更為美麗

36 新社鄉種苗改良場大樟樹

⊙老樹枝幹分岔處清晰可見依附植物寄生其上

樹　高：25公尺

樹冠幅：400平方公尺

樹　圍：6.3公尺

樹　齡：250年

科　屬：樟科

生長位置：台中縣新社鄉種苗改良場品管室後方

老樹簡介：種苗改良場大樟樹，位於新社鄉大南村，這裡屬於古大甲溪的高位河階台地；日據時期，日本人爲發展台灣製糖產業，特別選在此地設立大南庄蔗苗養成所，也促使遠東第一虹吸管－－白冷圳的誕生。

大樟樹便位處原蔗苗養成所品管室後方，巨大枝椏展開，宛若一株綠色大傘，十分壯觀；老樹下清涼無比，自然成爲假日遊客，泡茶休憩的美好據點。

種苗改良場內，還培養許多珍貴老樹，例如屹立園區前方的百年檸檬桉，以及香楠老樹…等，均值得假日親子攜手前往欣賞。

交通資訊：下中山高豐原系統轉4號國道，接台3省道，至東豐橋前右轉129縣道，至新社鄉大南村興中街46號種苗改良場。

順遊景點：新社香草花園、白冷圳、臥龍崗露營區、五福臨門神木、大坑步道

注意事項：新社鄉大南村種苗改良場，只有假日才開放參觀。

⊙新社種苗改良場大樟樹，高聳於辦公廳後方，極具可看性

⊙大樟樹佇立在古樸的日式宿舍前方，更能感受那份動人的寧靜悠閒

⊙改良場兩側分別栽植高大檸檬桉，極具特色

37 太平市三汀山老樹

⊙三汀山老樹前方砌築廢輪胎美化，同時又兼具防撞功能

樹　高：16公尺

樹冠幅：200平方公尺

樹　圍：4.3公尺

樹　齡：150年

科　屬：樟科

生長位置：台中縣太平市東平路二巷路旁

老樹簡介：太平市三汀山老樟樹，位於咬人狗坑生態步道旁，樹齡胸圍雖無法與靶場古樟比擬，但優雅樹姿，雄踞在坑谷溪畔，依然風情無限。

三汀山老樟樹，生長在車籠埔斷層附近，伴隨一座古意小廟，雖歷盡921地震洗禮，仍然屹立不搖，充份展現老樹堅韌的生命力。

老樟樹附近的生態步道，還擁有一處浪漫詩意的天然湖地理景觀，爲著名震災遺址，加以步道規劃完善，以及多元的動植物生態，讓三汀山老樹也沾光，成爲遊客注目焦點。

交通資訊：下中山高台中港路交流道，往台中市區進入，接中正路，左轉自由路過建成路地下道，再左轉樂業路，接東平路，在一江橋頭，左轉二巷。

順遊景點：仙女潭、台中公園、大肚山都會公園、蝙蝠洞、天然湖

⊙東福宮福德祠位於三汀山麓，建築樸雅

⊙三汀山老樹是咬人狗坑步道必經景點

⊙在樹身釘掛葫蘆形插香器皿，和敬樹本質，似乎有些衝突

⊙觀賞大地震後聚水成湖的台灣潭，是賞樹後的輕鬆享受

⊙自三汀山欣賞夕陽夜景也是絕佳享受

38 太平市靶場樟樹公

⊙盛開的鳳凰花璀璨繽紛，讓人心情愉悅

樹　高：21公尺

樹冠幅：450平方公尺

樹　圍：5.3公尺

樹　齡：330年

科　屬：樟科

生長位置：台中縣太平市新坪巷靶場內

老樹簡介：太平市新坪巷靶場內樟樹公，爲太平市近郊七星樹之一，也是台中縣著名的樟公樹，在老樹下並設有簡樸福德祠，供民眾奉祀。

新坪巷老樟樹，樹形高大魁梧，枝葉蓊鬱蔽天，粗壯枝幹上，長滿了附生蕨類植物，迎風搖曳，別具風情。

樟樹公巍峨佇立在靶場前方，巨大樹冠綠蔭，曾經陪伴無數入伍新兵，渡過緊張刺激的靶場歲月，如今軍方已遷離靶場，四周鳳凰樹與楓香陪伴的樟公老樹，更顯清幽雅靜，消失的山鳥蝴蝶生態，也逐漸恢復，成爲鄉民休閒遊憩的主要據點。

交通資訊：下中山高台中港路交流道，往台中市區進入，接中正路，左轉自由路過建成路地下道，再左轉樂業路、東平路，過一江橋，右轉129縣道至新坪巷靶場。

順遊景點：仙女潭、台中公園、大肚山都會公園、蝙蝠洞、天然湖

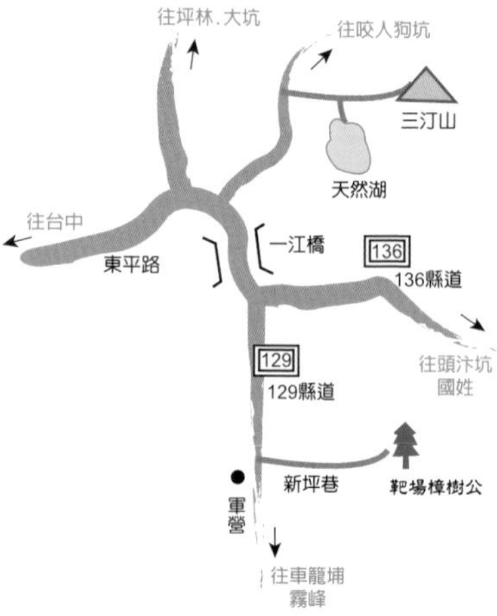

⊙新建福德祠為大樟樹增添風采

⊙靶場老樹內遍植鳳凰木，每逢夏日盛開，花語繽紛，十分美麗

⊙未整建前老樹與人類關係，極為親切緊密，適合就近欣賞母子樟樹丰采

⊙整建後老樟樹被高聳圍籬阻隔，只剩下淡漠的疏離感

39 霧峰樟公廟老樹

⊙樟母樹多年前曾由樹醫診治過，可惜依舊回天乏術

樹　高：15公尺
樹冠幅：150平方公尺
樹　圍：5.6公尺
樹　齡：170年
科　屬：樟科
生長位置：台中縣霧峰鄉萊園村鳳山旁
老樹簡介：樟公廟老樹，位踞鳳山北側，原本有兩株，據說一公一母，屹立山坡上下凝望，情愫萬千，只可惜其中一株曾受風災雷殛，幾已枯倒，倖存老樟則依舊伸挺盎然身軀，似乎欲加扶持，惜力有未殆，隱約呈現一份淡淡的黯然之情。

⊙佇立廟旁視野廣闊，為觀賞霧峰街景與夕陽晚霞的絕佳地點

⊙樟公樹猛看樹形，就像一枝巨大三叉戟，風貌獨特

老樹座落在稜下不遠處，兩旁果樹林立，古樸的樟公廟，雄立一側，視野開闊，最適合欣賞山腳下街衢縱橫的霧峰秀色，以及絢爛的夕陽美景，令人留連。

⊙樟公樹屹立在廟旁高處斜坡，依舊生氣蓬勃

南側一百公尺處，緩起伏峰頂，便是鳳山最高點，喜好登山者，無妨順道登臨，踏上三等基石，獨攬繽紛的林野風光。

⊙萊園為霧峰林家花園著名景緻，可在賞樹之餘，一道走訪

交通資訊：下中二高霧峰交流道，左轉中正路北進，至霧峰萊園路右轉，再接成功路北行，循樟公巷山路爬升，老樹便在樟公廟旁。

順遊景點：地震教育園區、台灣省諮議會園區、霧峰林家花園、蝙蝠洞、天然湖

40 東勢鎮詒福里楓樟神木

樹　高：楓22公尺、樟19公尺
樹冠幅：500平方公尺
樹　圍：楓4.7公尺、樟5.3公尺
樹　齡：200年
科　屬：金縷梅科、樟科
生長位置：台中縣東勢鎮詒福里新伯公廟後方
老樹簡介：楓樟神木巍峨矗立於東勢鎮東關街新伯公廟後方，枝葉繁茂，樹形優雅，不但是當地居民茶餘飯後歇息乘涼之所，也常成為前往谷關遊客的注目焦點。

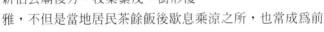

⊙東勢楓樟神木，連袂勁生於伯公祠後側方

濃蔭蔽天的神木，緊緊屹立在寬闊的梨園前方，樹旁設有長壽亭，嶄新的伯公廟內，奉祀客家傳統神祇──土地伯公，亦稱福德正神，歷史悠久，也是附近居民的信仰中心；梨園旁，曾屹立一座古老典雅的校書第三合院，可惜地震後已被拆除殆盡。

交通資訊：自中山高、中二高，轉豐原系統國道4號東行，至國道終點，接台3省道，經石岡過東豐大橋，右轉谷關方向，至東關街詒福加油站對面。

順遊景點：大雪山製材場、東豐自行車道、大雪山森林遊樂區、東勢林場

⊙清晨陽光下的楓香老樹，丰姿無限（左）

⊙老樟樹前方枝幹，仍留下被截斷痕跡（右）

41 東勢鎮櫸樹土地公

⊙嚴冬綠葉落盡的老櫸樹，呈現蕭瑟景緻，別具風情

樹　高：20公尺
樹冠幅：300平方公尺
樹　圍：5公尺
樹　齡：250年
科　屬：榆科
俗　名：雞油仔
生長位置：台中縣東勢鎮中嵙里窯坑近郊
老樹簡介：老櫸樹土地公，生長於中嵙里窯坑休閒農業文化園區步道旁，姿態優雅，爲東勢地區著名的百年老樹之一，春夏季節綠葉扶疏，屆秋冬之際，則落英繽紛，呈現一份蕭瑟蒼茫意境，風情萬種，值得留連。

老樹位在清代中葉闢建的禦番道路－－穿霧古道下方，具有獨特歷史意義，這裡也是東勢丘陵最早開發地帶，遍佈桃、梨果園，花開季節，奼紫焉紅，令人驚艷；尤其後山還擁有馳名的梨文化館、攬風台、穿霧步道，以及浪漫的露天咖啡座，適合遊客體驗另類的休閒文化。

交通資訊：自中山高或中二高系統交流道，轉國道4號東行，至豐原終點，接台3省道，經石岡、東勢，左轉中47鄉道東崎街，過中嵙橋，轉東北巷，約1.5公里即至。

順遊景點：河背文化步道、東豐自行車道、穿霧古道、梨文化館、東勢鎮風情

⊙冬天的老櫸樹，嫩葉嫣紅鮮黃交織，十分顯眼

⊙隘頭公園風光清爽，為拜訪櫸樹土地公必經之處

⊙櫸樹土地公樹幹壯碩，矗立在中嵙文化園區道路旁（上）

⊙賞樹沿途可觀賞高接梨樹，冬季樹葉轉紅的綺麗影像（下）

42 石岡鄉梅子林芒果公

⊙初春的芒果公身上，已開滿了美麗黃花

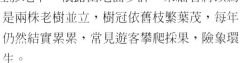

樹　高：20公尺
樹冠幅：700平方公尺
樹　圍：6.5公尺
樹　齡：300年
科　屬：漆樹科
生長位置：台中縣石岡鄉梅子村承福祠後方
老樹簡介：石岡鄉梅子林芒果公，位於梅子村和順巷，東豐自行車綠廊道旁，當地舊地名－－檨仔（芒果）腳，即見證了老芒果樹存在的歷史。

芒果公巨大主幹多被埋於地下，祇露出地面少許，未細看將以爲是兩株老樹並立，樹冠依舊枝繁葉茂，每年仍然結實累累，常見遊客攀爬採果，險象環生。

⊙芒果公聳立在東豐自行車道旁，適合全家前往騎乘遊憩

芒果公巍峨聳立於大甲溪畔河階，平坦的桃園之中，初春時節，艷麗繽紛的桃花盛開，最是丰姿宜人；老樹前方，新建有承福祠福德廟，且搭建遮雨棚，雖是盛夏依舊涼爽宜人，吸引了無數騎乘單車的旅者探訪。

交通資訊：

1. 自中山高、中二高，轉豐原系統國道4號東行，至國道終點，接台3省道，經石岡鄉梅子村景觀陸橋，左轉梅子巷，至東豐自行車道，轉和順巷抵承福祠。
2. 自中山高、中二高，轉豐原系統國道4號東行，至國道終點，接台3省道，至石岡轉騎單車，經東豐自行車道，轉和順巷至承福祠。

⊙自東豐自行車綠廊的原木休憩平台，可輕易發現百年芒果公身影

順遊景點：石岡水壩、東豐自行車道、情人橋風景區、土牛地界碑、劉章職墓園

⊙芒果公結實累累季節，會有民眾攀爬老樹採果，保護意識似乎仍待加強

43 石岡鄉埤頭社區老樹

⊙鎮順廟為創建於清同治年間古廟

樹　高：16公尺
樹冠幅：250平方公尺
樹　圍：3.7公尺
樹　齡：200年
科　屬：榆科、桑科、漆樹科
生長位置：台中縣石岡鄉埤頭社區鎮順廟旁
老樹簡介：石岡鄉埤頭老樹位在大甲溪埤豐大橋北側，走進埤頭社區內，一株高大百年古榕，雄踞於社區福德祠後方，枝繁葉茂，風華獨具；

繞過浪漫花廊，便來到創建於同治年間，古樸的鎮順廟庭園之中，形態優雅壯碩的黃連木，便巍然挺立於古廟南側，氣象萬千；廟後綠樹蒼秀，清風林籟，珍貴的百年櫸榆老樹，便悠然自在的錯落勁生，仔細觀察樹幹剝落雲痕，更能感受老樹的滄桑之美。

老樹距大甲溪隆起的斷層瀑布不遠，田野間遍佈樸拙三合院農舍，四周充斥著雞鳴鳥啼，炊煙嬝嬝，到處洋溢濃郁鄉村味道，是處山靈水秀的古早社區，值得前來感受它純樸的美感。

交通資訊：自國道3號或中山高豐原系統轉國道4號東行，接台3省道，至朴子社區左轉埤豐大橋至埤頭社區。

順遊景點：埤豐斷層瀑布、石岡水壩、東豐自行車綠廊、情人木橋風景區

⊙百年紅雞油老樹，可清楚觀察它枝幹上的雲形剝落痕

⊙大甲溪上壯麗的埤豐斷層瀑布，為賞樹之旅必經美麗據點

⊙紅雞油老樹到了冬季黃葉落盡，展現一種滄桑美感

⊙埤頭社區綠蔭蔽天的賞樹步道清幽雅致

⊙賞樹步道前端佇立另株百年古榕，氣勢十足，引人入勝（上）

⊙樹姿優美的紅雞油老樹，環繞黃連木老樹，綠意盎然，景緻優美（左）

44 神岡鄉大夫第古樟

樹　高：23公尺

樹冠幅：250平方公尺

樹　圍：4.5公尺

樹　齡：200年

科　屬：樟科

生長位置：台中縣神岡鄉大夫第後方

⊙大夫第古樟巍峨聳立在日式古厝後方，風華迷人

老樹簡介：社口村大夫第古樟，擎天屹立在擁有百年歷史的大夫第後院，覆蔭廣密，綠意深濃，自然展現歷盡滄桑的古厝影象。

大夫第劃歸國家三級古蹟，為岸裡社名人林振芳早年祖厝，創建於光緒中葉，格局為兩進式多護龍四合院，雕飾精緻，彩繪考究，建築品味，獨樹一幟，展現傳統建築藝術的絕代風華。

古樟便悠然自在雄峙宅後，拔地成屏，流露綠院蔭濃，清爽宜人的生活空間，據說老樹為林家先祖親手栽植，極為珍貴，亦別具歷史意義。

交通資訊：自國道3號轉國道4號，接中山高下豐原交流道，轉台10省道往神岡方向，至社口村神岡國中對面小巷，即可發現大夫第。

順遊景點：大夫第、東豐自行車道、筱雲山莊、石岡水壩、后里馬場

⊙高大古樟佇立在三級古蹟大夫第宅後，更顯氣勢不凡

⊙艷陽下大夫第老樟樹更顯得鮮綠蔥鬱，生氣十足

⊙中山路榕樹門巷弄後端，另有一株同為門狀老樹，可惜已經枯萎（左上）

⊙大甲古蹟貞節牌坊和鎮瀾宮都是賞樹之旅值得參訪的人文據點（右上）

⊙中山路老樹生長在水圳邊，水源豐沛，讓老樹成長活力更為旺盛（左）

46 台中市興農宮古榕

⊙榕園石碑為珍貴老樹景緻生色不少

樹　高：12公尺
樹冠幅：450平方公尺
樹　圍：7.2公尺
樹　齡：300年
科　屬：桑科
生長位置：台中市中興街247號大樓北側興農宮旁
老樹簡介：興農宮古榕，爲台中市區著名古榕，傲然隱身於鬧中取靜的高樓大廈之間巷弄內，若依早年地址可能不易尋獲。

興農宮奉祀神農大帝，古榕碩大樹幹便似一把綠色巨傘，遮蔭廟庭，樹前還築造新穎的榕樹公小祠，香火鼎盛。

古榕枝椏交錯，樹形優美，據說當初栽種榕樹苗時，曾經使用七株幼苗，中央4株採正頭種，以利其往上生長，外圍3株採「倒頭種」，讓樹形向外開展，始培養出如此優雅的傘狀樹姿，先民的植樹智慧，讓人敬佩。

交通資訊：

1. 下中山高台中港路交流道，往台中市區方向，至科博館與中港路口，右轉中興街，約100公尺右側。
2. 下國道3號快官交流道，轉中彰快速道路，下中港路交流道，往台中市區方向，至科博館與中港路口，右轉中興街，約100公尺右側。

⊙百年古榕前方建有一座新穎獨特的榕樹公小廟（左）

⊙古榕枝幹交錯樹形優美，為先民的植樹智慧成果（右）

順遊景點：台中科博館、經國綠園道、國立美術館、台中都會公園、大坑步道

⊙興農宮古榕是台中鬧區裡，難得見到的百年老樹

47 台中市松竹路老樹群

⊙松竹路古榕旁的福德祠，自廟内點燃的大型蠟燭觀察，即知香火極為鼎盛

樹　高：17公尺
樹冠幅：500平方公尺
樹　圍：6.6公尺
樹　齡：160年
科　屬：桑科
生長位置：台中市松竹路與昌平路口附近
老樹簡介：台中市松竹路老樹群，位於古稱二分埔的老聚落間，附近經過調查，至少有5棵百年以上古榕，屬於台中市早期拓墾地區。

⊙古榕身上長出氣根枝幹以穩定主幹平衡，訴說著植物界的另種奇蹟

二分埔老樹群，集中在松竹路兩側，最知名古榕，首推位於松竹路中央，讓寬大馬路繞道的兩株老樹，這兩株年齡相當的蒼綠古榕，一高一矮，丰姿別具，分立道路兩旁，氣勢軒昂。

⊙松竹路古榕老樹，正頭種樹身高壯，英姿煥發

兩樹之間還設立一座古樸福德祠，成爲當地商家的信仰中心；東側松竹寺前庭，則又佇立枝葉蒽蔚雀榕老樹和一株百年古榕，爲斑駁古寺增添風采。

北屯區公所旁，則矗立一株壯觀的垂根古榕，在花木扶疏，綠草萋萋的寬闊庭園裡，更突顯出它不凡風範。

交通資訊：下中山高大雅路交流道，左轉環中路，至松竹路右轉直行即抵。

順遊景點：自然科學博物館、台中公園、大肚山都會公園、美術館、大坑步道

⊙松竹路旁北區公所庭園內萬根古榕，樹貌獨特，
值得前往欣賞遊憩

⊙倒頭種植古榕，枝幹低矮，樹形向外開展，展現
另種風貌

⊙松竹路古榕，開路時幾被砍除，溝通後始幸運保存下來，成為老樹保育典範

48 台中市後龍仔茄苳樹王公

⊙茄苳樹王公樹冠廣闊，枝葉蓊鬱，幾乎遮蔽了祠廟的天空

樹　高：21公尺

樹冠幅：1500平方公尺

樹　圍：10.6公尺

樹　齡：1050年

科　屬：大戟科

生長位置：台中市梅川東路1段99號茄苳樹王公廟旁

老樹簡介：後龍仔茄苳樹王公，又稱重陽千歲公，生長在高樓大廈林立的台中港路巷弄間，這株宣稱樹齡千歲的老茄苳，據說神靈顯赫，加以國人傳統自然崇拜，與平安祈求心理，讓千歲公成爲擁有契子萬人的古老神樹，自然也是不折不扣的中市之寶。

重陽千歲公，樹齡雄踞台中市之首，是一株巨大且生機盎然的茄苳老樹，枝幹分歧，樹葉蔥鬱，綠蔭蔽天，就算艷陽下，亦不覺酷熱；老樹前昔日古廟，亦改建爲茄苳樹王公廟，廟後南側另有一株略小茄苳大樹，至少也有250年以上樹齡，樹下廣場已被規劃爲社區公園，值得遊客前往攬勝。

交通資訊：下中山高台中港路交流道，往台中市區進入，至台中港路一段，轉梅川西路約100公尺可抵。

順遊景點：自然科學博物館、台中公園、大肚山都會公園、美術館

⊙後龍仔樹王公是台中樹齡最大的珍貴老樹

⊙這巨大茄苳樹幹，據耆老表示，只屬於上方枝幹部分，可想見老樹規模之大

⊙茄苳樹幹前方，樹立一方後龍仔茄苳公石牌，以表彰身份

⊙似龍身蜿蜒迂迴的茄苳樹王公樹形雄偉壯碩，為台中國寶樹（上）
⊙茄苳樹王公兩大枝幹依舊生機盎然，綠蔭蔽天，極為壯觀（下）

49 台中市中山公園古樹群

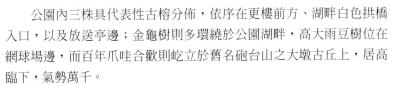

⊙巨大古榕和爪哇合歡並肩而立的砲台山，曾屬東大墩史前遺址

樹　高：12~25公尺
樹冠幅：100~250平方公尺
樹　圍：3~5公尺
樹　齡：120~160年
科　屬：桑科、豆科、漆樹科、大戟科
生長位置：台中市中山公園
老樹簡介：創建百年的台中公園，隱隱聳立了無數魁梧老樹，其中又以榕樹居多，遍佈公園角落，形態互異，另有黃連木、烏臼、刺桐、雨豆樹、金龜樹、爪哇合歡、茄苳…等百年老樹，值得仔細觀賞。

公園內三株具代表性古榕分佈，依序在更樓前方、湖畔白色拱橋入口，以及放送亭邊；金龜樹則多環繞於公園湖畔，高大雨豆樹位在網球場邊，而百年爪哇合歡則屹立於舊名砲台山之大墩古丘上，居高臨下，氣勢萬千。

鬧中取靜的台中公園，爲日治時代，慶祝縱貫線鐵路全線通車的紀念園區，園內花木扶疏，除老樹植物生態外，還擁有古大墩遺址、更樓、省城北門樓－望月亭、湖心亭、神社遺址、放送亭…等歷史古蹟，值得順道一遊。

交通資訊：中二高轉中彰快速道路，或走中山高速公路，下中港路交流道，往市區方向，至三民路左轉至台中公園。

順遊景點：望月亭、林氏宗祠、自然科學博物館、大肚山都會公園、美術館

⊙歷史建築的放送亭前方，有兩株極富藝術造形的古榕

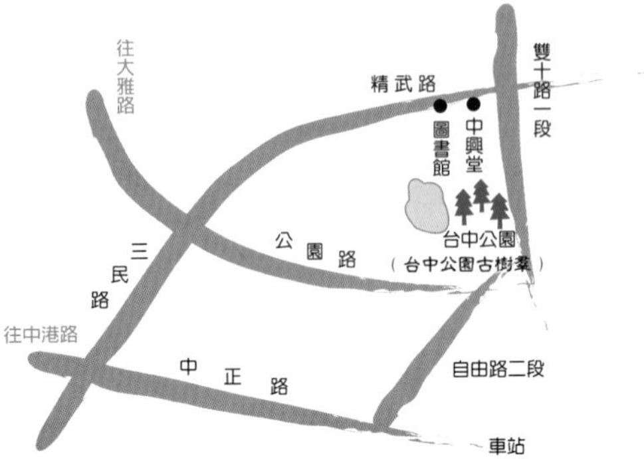

⊙兒童喜歡親近大樹是好事，但同時攀坐在古榕枝幹，對老樹可是嚴重負擔

⊙清末台灣省城北門樓遺跡，仍存放於台中公園內，已更名為望月亭

⊙台中湖心亭前方老榕樹，氣根枝幹交織，景象神奇

⊙網球場邊還有一株高大雨豆樹，相當壯觀

50 芬園鄉頂樟空櫸榆

⊙深秋季節櫸榆老樹綠葉逐漸泛黃轉紅，為老樹增添丰采

樹　高：8公尺

樹冠幅：150平方公尺

樹　圍：4.3公尺

樹　齡：350年

科　屬：榆科

生長位置：彰化縣芬園鄉大彰路二段101巷2弄1號巷內

老樹簡介：頂樟空櫸榆，隱於八卦山脈寬闊平坦，緩起伏的山嶺巷弄之中，地形相彷，若未循址訪樹，可能事倍功半，甚至鎩羽而歸。

櫸榆屬於榆科，樹皮紅褐色，帶有雲形剝落痕，俗名紅雞油，亦有人稱爲欅樹，以其樹幹內部心材，色澤紅潤，微帶油光而得名。

櫸榆老樹屬於低海拔珍貴植物，尤其生命長達200歲以上大樹，更屬罕見，值得用心保護。

大彰路櫸榆老樹，枝葉蓊鬱，但主幹不高，據說早年一度高達二十公尺，可惜屢遭強風肆虐，致樹冠折斷一截，元氣大傷，經多年休養生息，才又恢復生機。

⊙櫸榆老樹原本樹高近二十公尺，可惜樹冠枝幹遭強風吹斷，讓氣勢大傷

交通資訊：下國道3號南投市或名間交流道，接台3省道，往南投市區南崗路轉139縣道，至頂樟空大彰路二段101巷2弄1號巷內。

順遊景點：猴探井遊憩區、長青自行車步道、松柏嶺、横山地貌、清水巖寺

⊙大彰路櫸榆是目前已知台灣最古老的櫸榆老樹

⊙走在八卦山上，視野廣闊，可以遠眺彰化平原秀麗風光

51 田尾鄉南曾村茄苳祖

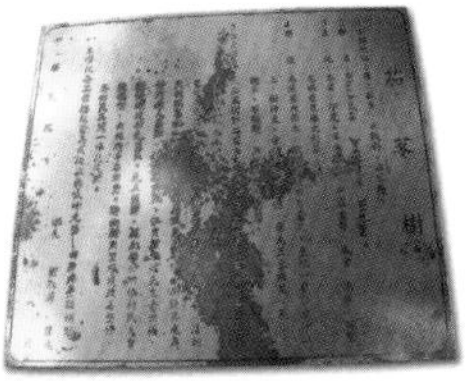

⊙被棄置在地面的生態解說牌，說明保育法令的不足

樹　高：21公尺

樹冠幅：250平方公尺

樹　圍：5.1公尺

樹　齡：220年

科　屬：大戟科

生長位置：彰化縣田尾鄉南曾村光復路二段413號巷內

老樹簡介：田尾鄉南曾村茄苳祖，是一株老當益壯的重陽樹，靜靜依偎在蒼翠的鄉野田園之間，環境清幽雅致，野趣盎然。

南曾村壯碩高大的茄苳老樹，在地人尊稱爲清朝茄苳祖，據說清初前來拓墾先民，早已發現它的存在，雖歷盡百年滄桑歲月，依然枝繁葉茂，笑看人間冷暖。

田尾鄉以繽紛瑰麗的公路花園，享譽國內，鄉境道路兩旁，俱是造型典雅，色彩鮮麗的花卉休閒農園，茄苳老樹便位居公路花園南口附近，值得順道探訪。

交通資訊：下中山高埤頭交流道，接台1省道北上，至田尾鄉南曾村光復路口，右轉經田尾國中至光復路二段413號。

順遊景點：振文書院、餘三館、西螺大橋、田尾公路花園、西螺老街、崇遠堂

⊙清朝大樹茄苳祖神位石牌，彰顯了老樹在居民心中的地位

⊙茄苳祖老樹聳立在偏僻荒野間，是南彰化地區最知名老樹

⊙清朝茄苳祖樹形優美，據說昔日亦曾遭受潑毒事件危害（上）
⊙老樹背面清楚可見安裝了避雷裝置，用來保護老樹（右）

52 北斗鎮斗苑路大榕樹

樹　高：15公尺

樹冠幅：250平方公尺

樹　圍：5.7公尺

樹　齡：210年

科　屬：桑科

生長位置：彰化縣北斗鎮斗苑路一段391號前方

老樹簡介：北斗舊名寶斗，佔了比鄰濁水溪水運之利，在清代初葉早已享有盛名；斗苑路大榕樹，巨大的綠色枝冠，便巍峨聳立在北斗古鎮繁忙的交通要衝，迎向光緒年間，創建的古意小廟－－寶興宮，卻又獨具鬧中取靜之姿，應係境內樹齡最古老的一株榕樹。

老樹屹立在斗苑路口，枝幹粗壯，盤根錯節，樹齡雖已老邁，但頂層枝葉依舊蒼翠蓊鬱，展露旺盛生命力，默默守護這處古老城鎮。

仔細觀察，還會發現，老樹枝幹兩端延伸最遠處，往下勁生一段粗壯氣根，以維持樹幹的穩固平衡，冥冥中流露了老樹神奇靈性，景象奇絕，當地居民自然將古樹當作神靈虔誠膜拜。

交通資訊：下中山高埤頭交流道，接台1省道，至北斗市區斗苑路口。

順遊景點：振文書院、餘三館、西螺大橋、田尾公路花園、西螺老街、崇遠堂

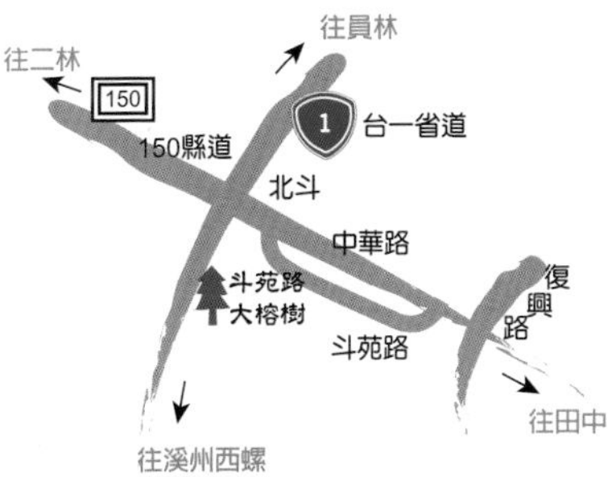

⊙大榕公老樹前方，有座光緒年古廟寶興宮，彼此相互輝映

⊙大榕樹枝幹尾端粗壯氣根，具有穩定龐大樹身功能，也是有趣的生態現象

⊙縣長勒碑保護的大榕樹，氣勢非凡

1.大榕樹和居民生活起居緊密結合，就連小吃店也以榕樹下為名
2.座落於斗苑路口的大榕樹下，常停滿車輛避暑
3.斗苑路大榕公，形態頗富藝術氣息，是北斗市區最知名老樹

53 花壇鄉三春村茄苳樹

樹　高：15公尺

樹冠幅：250平方公尺

樹　圍：4.2公尺

樹　齡：200年

科　屬：大戟科

生長位置：彰化縣花壇鄉三春村田園

老樹簡介：三春村茄苳樹，早年祇是一株名不見經傳的尋常老樹，在偶然機會，讓飲料公司相中，拍攝入鏡作爲廣告題材，不料無心插柳柳成蔭，居然讓老樹衍生出驚人吸引力，也間接帶動了當地純樸的觀光產業。

⊙非假日午後，三家春老樹附近道路，即停放了不少遊客車輛

⊙三家春茄苳老樹下，廟宇雖小，香火不斷

茄苳老樹巍然佇立在濃綠淡翠相間的廣袤田園之中，農舍疏落點綴，阡陌相連，加以遠山如黛，山嵐平序，雲天萬里，視野清爽，當遊人單騎走過樹前，豐富了生命力，更恍如一幅美麗鄉村風情畫，果然迷人。

蔥鬱老樹勁生在田間小路旁，祇容小車通行，仔細觀察，樹形就像一把綠色巨傘，十分突出，樹幹底層則浮現許多樹瘤，樹皮斑駁，流露歷經滄桑的歲月痕跡；老樹前方置有古樸小廟，在廣告密集曝光後，更是香火鼎盛，這也許是當初始料未及之事！

交通資訊：下中山高彰化交流道，接台19省道，至文化中心，右轉台1省道，至戶政大樓，左轉137縣道，至花壇鄉三春村彰員路一段260號附近，轉入油車巷，前往老樹。

順遊景點：寶藏寺、八卦山風景區、虎山岩、彰化市古蹟、台灣民俗村

⊙花壇台灣民俗村，適合在三家春賞樹之旅後，前往旅遊

⊙三家春老樹附近造型別致的鐵橋，常有情侶留連，而暱稱情人橋

⊙美麗田野間的三家春老樹，在廣告片播放後，已成熱門景點

54 鹿港鎮市郊老樹

樹　高：16公尺
樹冠幅：250平方公尺
樹　圍：7.2公尺
樹　齡：250年
科　屬：桑科
生長位置：彰化縣鹿港鎮打鐵巷與南勢社區
老樹簡介：鹿港鎮市郊老樹，以打鐵厝與南勢社區老樹，最具觀賞價值。

⊙受前總統李登輝青睞的南勢社區公園，正擴大整建中

⊙榕園是一處居民和企業回饋結合的社區公園

打鐵厝老樹隱蔽在昔日廣袤的打鐵厝農場，蒼翠蔗田之間，根據資料顯示，該樹可能是鹿港境內最古老的一株榕樹。居民表示，早年這株古榕枝幹根系更爲龐大壯觀，嚴重影響老屋結構，終於免不了遭受截枝命運。

南勢社區榕園，地處洋仔厝溪南岸，是座融合社區情感，企業回饋的社區自然公園。榕園內，古榕姿態互異，樹齡古稀，惟仍枝繁葉茂，樹幹粗壯，盤根錯節，展露盎然生機，默默守護這塊滄桑大地。

交通資訊：下中山高彰化交流道，接142縣道，經崎溝子不久，右轉新闢往打鐵厝道路，至鹿東路，即左轉經打鐵厝國宅約100公尺抵打鐵巷；往南勢社區，則直行接鹿和路，左轉至學子後，右轉查某旦接南勢社區。

順遊景點：益源大厝、八卦山風景區、虎山岩、彰化市古蹟、鹿港古蹟

⊙打鐵巷老樹底下，早已成為當地居民休憩聊天之所

1.榕園內花草萋萋，老樹也經常給予整理修剪，景緻清爽

2.打鐵巷老樹是鹿港最大古榕

3.無數古榕枝幹交錯彎曲成榕樹門，風光獨特

55 芬園鄉彰南路老茄苳

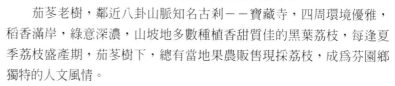

⊙茄苳老樹身上，裝設有避雷針保護老樹

樹　高：17公尺

樹冠幅：300平方公尺

樹　圍：6.3公尺

樹　齡：200年

科　屬：大戟科

生長位置：彰化縣芬園鄉彰南路3段219號前方

老樹簡介：彰南路老茄苳，位於芬園鄉社口村南方約一公里，寧靜寬闊的大馬路邊，繁茂蓊鬱的巨樹，生機盎然，很難想像，該樹早年曾面臨人爲潑灑毒液的殘酷歷史。

茄苳老樹，鄰近八卦山脈知名古剎——寶藏寺，四周環境優雅，稻香滿岸，綠意深濃，山坡地多數種植香甜質佳的黑葉荔枝，每逢夏季荔枝盛產期，茄苳樹下，總有當地果農販售現採荔枝，成爲芬園鄉獨特的人文風情。

歷盡滄桑的老茄苳，如今已納入珍貴老樹保護，除裝設避雷針，也增設護欄保護，期待民眾亦能善待老樹，讓大自然多樣性生命，能維持共存共榮，創造融洽繽紛的友善社會。

交通資訊：下中二高芬園、草屯交流道，接台14省道至芬園，轉台14丁省道，至彰南路三段。

順遊景點：寶藏寺、草屯龍德寺、碧山岩寺、台灣民俗村、荔枝觀光果園

⊙三級古蹟寶藏寺在老樹南方，賞樹後莫忘前往攬勝

⊙生機盎然的老茄苳，也曾面臨遭灌毒液的噩運

⊙彰南路茄苳樹樹形高大優美，為芬園鄉最大老樹之一

⊙彰南路茄苳老樹，已成為芬園鄉著名地標

56 水里鄉永興神木

⊙永興神木是水里著名的景觀樹

樹　高：21公尺
樹冠幅：360平方公尺
樹　圍：5公尺
樹　齡：250年
科　屬：樟科
生長位置：南投縣水里鄉永興活動中心前
老樹簡介：水里鄉永興神木位於濁水溪南岸，古名牛轀轆之山麓河階，這裡在清朝光緒年間，曾存在吳光亮總兵開鑿八通關古道牛轀轆支線，深具濃厚的人文風味。

⊙永興吊橋橫跨濁水溪，也是社區內主要風景據點

永興神木，係指擎天矗立在永興社區活動中心前方，一株巨大雄偉的古樟樹，屬於社子地區，規劃城鄉新風貌，獨特的生物景觀之一。

老樹枝幹高聳，似綠色優雅巨傘，生長在平緩的河岸坡地，身旁還有小樹陪伴，彷彿母子情深，別具逸趣；樹前亦建有福德祠，還遺留一座石碑，和亭台座椅，儼然一處清新小公園。

永興神木一帶，風光明媚，蜿蜒的濁水曲流，永興瀑布、吊橋、堤防、巨石，塑造了動人的自然生態印象，令人難忘。

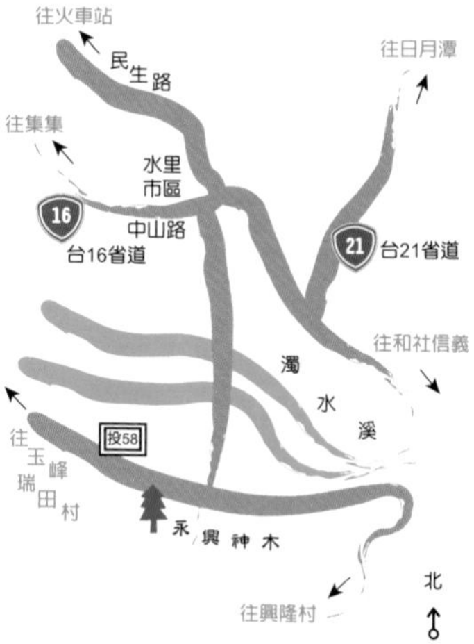

交通資訊：下中二高名間交流道，接台3省道南下，至名間左轉台16省道經集集，至水里社子，過永興橋，抵活動中心。

順遊景點：集集車站、車埕車站、明新書院、武昌宮、仙鄉瀑布、永興瀑布

⊙聳立在翠綠山野間的永興神木，丰姿迷人

57 南投市南崗樟樹公

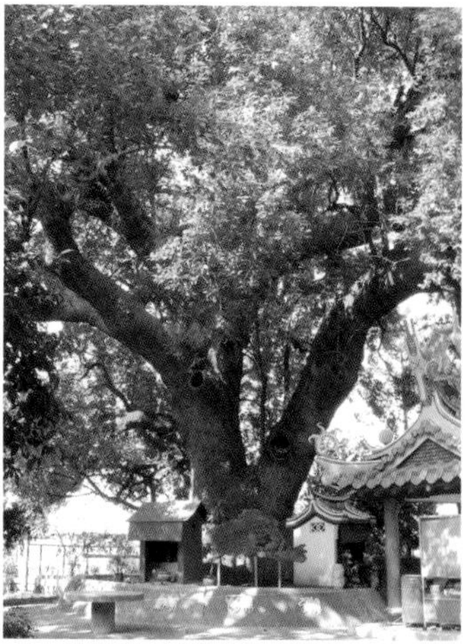

⊙一株老樹，卻設立三座祠廟，是南崗樟樹公，才有的殊榮

⊙樟樹公壯碩枝幹宛若蟠龍飛天之姿，十分奇特

⊙刷子樹是鄰近後院裡的美麗花卉

樹　高：21公尺

樹冠幅：1600平方公尺

樹　圍：6.9公尺

樹　齡：310年

科　屬：樟科

生長位置：南投市南崗路三段與成功三路旁

老樹簡介：南崗路樟樹公，位於八卦山東麓南崗工業區路邊，在綿延的水泥廠房之間，乍見綠樹擎天，同時入口還設有傳統牌樓，地標極爲醒目，不易錯過。

走進園內，樟樹公虯曲壯碩枝幹，蜿蜒升降，恍如蟠龍飛天之姿，形態絕美，加以蒼翠欲滴的綠葉高枝交錯，環境清幽靜謐，不經意流露出誘人美感，讓人忍不住停下腳步，欣賞它瑰麗動人風采。

高聳樹下則見一方斑剝的老樹解說牌，與新舊福德祠，並肩而立，古祠新廟，相互輝映，更是別具情趣。

交通資訊：下中二高南投市中興交流道，接台3省道，至南崗路三段路旁。

順遊景點：藍田書院、竹藝博物館、猴探井風景區、松柏嶺、南投酒廠

⊙三級古蹟藍田書院，是南崗樟
樹公賞樹後，攬勝的首要目標

⊙老樹下見古祠新廟和斑剝解說牌，並
肩而立，相互輝映，更是別具情趣

58 草屯鎮七股神木

⊙樟樹公巨木碑誌，紀錄了老樹生態與傳說

樹　高：31公尺

樹冠幅：700平方公尺

樹　圍：8公尺

樹　齡：400年（傳說爲1000年）

科　屬：樟科

生長位置：南投縣草屯鎮，投14鄉道5.3公里附近

老樹簡介：七股神木，位於炭斗山西伸尾稜的坪頂台地荒野，爲草屯境內最巨大而古老的神木，擁有獨特觀賞價值。

老樹傲然挺立於天地之間，尤其在曠野裡巨大身影，更讓人自慚形穢，驚嘆於大自然的神奇。

老樹悠然生存天地千年，據說早年先民在拓墾坪頂台地初期，即已發現老樹存在，隨著物換星移，老樹依然健在，而人事卻已全非，若神木有知，必然有不勝唏嘘之憾。

惟近年生態保育意識提昇，農委會和地方政府，爲保護老樹，在老樹身旁，設立法製新式避雷裝置，同時立碑，執行綠美化工程，並興建神木亭與休憩走廊，積極提昇觀光遊憩功能，吸引了許多慕名而來的遊客，也活化了七股神木的存在價値。

交通資訊：下中二高草屯交流道，接台14省道至草屯富功國小旁，轉投14鄉道道，至5.3公里附近，右轉至七股神木。

順遊景點：手工業研究中心、中興新村園區、九九峰、雙冬吊橋、雙冬花園

⊙環境重新打造後，七股神木名氣更因此提昇了不少

⊙巨大神木前方擺設香案供遊客祈福

⊙七股神木生長於荒野山地，經常有遊客前往觀察研究

⊙結合傳統與日式風格的神木亭，和石燈籠、園廊，讓神木區生色不少

59 中寮鄉永平村榕樹公

⊙憲兵殉難之碑背面，略述了一段日據時代，幾乎被遺忘的抗日史實

樹　高：12公尺

樹冠幅：260平方公尺

樹　圍：5公尺

樹　齡：120年

科　屬：桑科

生長位置：南投縣中寮鄉永平村投17鄉道旁

老樹簡介：中寮鄉永平村榕樹公，深藏於投17鄉道駁坎下方，正好位處市區外環道分岔點，只要細心觀察，就能輕鬆發現老樹的存在。

中寮鄉永平村是921地震，受災最嚴重鄉鎮之一，尤其永平村一帶，房舍幾乎被夷爲平地，如今老街重建將近完成，而幸運的是這株鄉民眼中的榕樹公，也順利逃過一劫，依舊欣欣向榮。

榕樹公原本兩大主幹，曾被外力破壞，折斷過分枝，但老樹枝葉依然繁茂，生氣蓬勃；可惜古榕枝幹，似乎擺脫不掉雀榕糾纏，強勁的纏勒高手，正著生樹畔，一步步吞噬古榕生命，展示了大自然演化奇蹟。

老樹前方，設有簡樸福德祠，同時豎立一方昭和12年3月，署名「憲兵上等兵鹽川友助殉難之地」，獨具抗日歷史意義石碑，值得專程前往攬勝憑弔。

交通資訊：下國道3號南投市或名間交流道，接台3省道，往南投市區轉139縣道，至中寮加油站，左轉近百公尺至投17鄉道岔路口下方。

順遊景點：龍鳳瀑布、千丈岩峭壁、棋盤石、玉龍谷、麻竹坑瀑布

⊙中寮榕樹公是一處具有歷史意義的人文據點

1. 老樹自屋頂穿瓦而出，氣象萬千

2. 老樹遭狹窄的花壇包圍，可能改變他未來的成長生態

3. 自老樹前方，便可清楚發現左方低矮雀榕，正和老榕樹展開一場掠奪之戰

60 名間鄉員集路茄苳老樹

⊙濁水茄苳公身上，仍遺留早年曾遭割取樹皮的痕跡

樹　高：25公尺

樹冠幅：400平方公尺

樹　圍：6.5公尺

樹　齡：400年

科　屬：大戟科

生長位置：南投縣名間鄉員集路34號和1號前方

老樹簡介：員集路茄苳老樹，位於名間鄉台16省道路旁，雌雄異株，兩棵老樹相隔近百公尺，遙遙相對，樹形魁梧壯碩，枝椏繁茂，極具可看性，只是來往集集、水里車輛，總疾馳而過，忽略了這兩株美麗大樹。

早年傳統人類社會，多數具有重男輕女傾向，在面臨植物社會時，竟然也維持了這項傳統，茄苳公與茄苳母樹，樹齡樹形相若，但茄苳公前方建有祠廟奉祀，享受來自人間香火，但茄苳母樹，卻需忍受孤獨，十分不公平。

幸好最近生物多樣性文化保育觀念，逐漸成熟，生長位置靠近福興寺義渡碑的茄苳母樹，四周已搭建圍欄保護，讓茄苳老樹據點，更爲明顯突出，逐漸吸引遊客目光關注；而雄峙在福盛山農場大門旁的茄苳公，自然也獲得更多前往921震災鐵道紀念園區遊客青睞，共享來自社會的關愛。

交通資訊：下中二高名間交流道，接台3省道南下，至名間左轉台16省道至福盛山農場路口。

順遊景點：濁水車站、福盛山農場、福興寺、震災鐵道園區、綠色隧道、集集

⊙茄苳公老樹前方建有茄苳公廟供人奉祀

⊙茄苳母樹目前搭建護欄保護，反而讓更多遊客留意它的存在

⊙名間茄苳公昂立在水圳邊，體型自然飽滿壯碩，卻少見遊客拜訪

⊙茄苳母樹體型不遜於茄苳公，卻未建祠奉祀，呈現另類的男女不平等

61 草屯鎮龍德廟古榕

⊙自複雜交錯的古榕樹和樸拙的榕樹公祠，即能感受老樹悠久歷史

樹　高：13公尺
樹冠幅：250平方公尺
樹　圍：5.1公尺
樹　齡：150年
科　屬：桑科
生長位置：南投縣草屯鎮碧山路1158號龍德廟前方
老樹簡介：龍德廟古榕，位於草屯鎮月眉厝西麓，與芬園鄉比鄰而居，地理位置屬貓羅溪東岸沖激河階台地，擁有悠久開發歷史。

龍德廟爲國家三級古蹟，三株覆蔭廣被的魁梧榕樹，便散佈在古廟寬闊前庭角落之間，其中左護龍前方枝椏濃密，氣根交織的古榕，最具歷史意義，前方還新設古樹沿革碑，以及榕樹公祠供民眾奉祀。

據古樹碑記載，龍德廟原本栽植四棵古榕，分別矗立在古井頭、正殿廟後、金亭旁以及左護龍前方，可惜在光緒戊戌年與民國48年、49年，遭受三次中部大水災肆虐，除左護龍老樹殘存外，連古廟也無法倖免；據說在歷次水患裡，蘢蔥古榕還曾救人無數，深受居民感佩，因此讓老樹收養的義子女也爲數不少；近年廟右護龍前，廟方重又補植兩株壯觀榕樹，也有近百年樹齡了。

交通資訊：下中二高芬園、草屯交流道，接台14省道至芬園，轉台14丁或台14乙省道，至148縣道轉碧山路抵月眉厝。

順遊景點：寶藏寺、草屯龍德廟、碧山岩寺、台灣民俗村、荔枝觀光果園

⊙交織的榕樹根，將石輪包覆，景象神奇

⊙三級古蹟龍德廟，信徒眾多，擁有獨特創廟歷史和雕塑藝術，值得細心觀賞

⊙小巧古意的榕樹公祠，也深受信徒敬仰

⊙龍德廟古榕，歷經無數惡劣氣候挑戰，依然存活下來（上）
⊙金爐旁老樹，易受高溫影響它的健康（左）

62 國姓鄉福龜村大榕樹

樹　高：21公尺

樹冠幅：550平方公尺

樹　圍：5.9公尺

樹　齡：150年

科　屬：桑科

生長位置：南投縣國姓鄉福龜村福德祠後方

老樹簡介：福龜村大榕樹土地公，蒼勁魁梧，巍然佇立在低矮平坦的紅龍果園之間，彷彿一枝張開巨傘，笑看人間百態，景象瑰麗壯觀。

大榕樹枝椏交錯，撐起一片綠蔭，簡雅福德祠，即座落老樹前方，環境清幽恬靜，早晚均有鄰近信徒，前往燒香禮佛，自然成爲鄉民閒暇之餘，絕佳休憩據點。

大榕樹土地公，生長在龜子頭山山麓河階，地形開闊，視野絕佳，適合觀賞峰巒相連，礫岩裸露的九九峰惡地，以及二寨尖山南壁，斷崖直劈的插天峻峰，氣象瑰偉，讓當地成爲聚落裡，極具觀賞價值的新興旅遊據點。

交通資訊：下中二高芬園、草屯交流道，接台14省道至福龜村14鄰，循指標至大榕樹土地公。

順遊景點：岩水泉瀑布、九九峰、玉門關瀑布、雙冬花園、九份二山地震園區

⊙福龜大榕樹正面迎向險巇的二寨尖山岩峰，風光壯麗

⊙大榕樹土地公，枝椏交錯，環境清幽恬靜

⊙福龜大榕樹像一把綠色巨傘，巍然佇立在低矮的紅龍果園間

⊙大榕樹土地公入口前方，拱形景觀走廊，
設計優雅大方

⊙大榕樹氣根主幹交錯橫生，難以分辨當初主幹數量

63 集集鎮大衆廟古樟樹

⊙集集大衆廟清道光年間古香爐，已具有170年以上歷史，十分珍貴

樹　高：17公尺
樹冠幅：460平方公尺
樹　圍：5.6公尺
樹　齡：300年
科　屬：樟科
生長位置：南投縣集集鎮大眾廟前
老樹簡介：集集鎮早年以浪漫的綠色樟樹隧道聞名，但在小鎮市郊，還有一棵知名大樟樹，位在大眾廟前方，據說該處早年爲安置英烈先民之地，廟內還珍藏一座清代石質香爐，見證它悠久歷史。

⊙老樹附近，九二一地震毀損的武昌宮，早已成為集集市區的熱門景點

大眾廟古樟，樹形優美，遠眺像枝綠色巨傘，巍峨聳立，樹身周圍已砌築白色雕欄保護，但護欄地面卻受巨大樹根影響，常見龜裂凸起狀態，值得檢討護欄存在得失。

大樟樹附近，已規劃爲花木扶疏的美麗公園，與鄰近的花卉農場連成一氣，同時可以輕鬆眺望巍峨的集集大山雄姿，深受遊客喜愛。

交通資訊：下中二高名間交流道，接台3省道南下，至名間左轉台16省道至集集市區接139縣道約2百公尺，右轉大眾廟。

順遊景點：集集車站、特有生物保育中心、明新書院、武昌宮、八通關古道石碣

1

2

4

3

1.集集古樟，樹形優美，樹身周圍砌築白色雕欄保護，卻也影響了老樹生
2.集集樟樹綠色隧道，也是頗富盛名老樹據點
3.大樟樹後方的休閒花卉農園內，花色繽紛，吸引許多遊客
4.集集大樟樹後方大衆廟，為早年安葬英烈先民之處

64 南投市大彰路荔枝王

⊙大彰路荔枝王是當地荔枝腳地名的緣由

樹　高：12公尺
樹冠幅：800平方公尺
樹　圍：4公尺
樹　齡：300年
科　屬：無患子科
生長位置：南投市大彰路荔枝腳686巷63弄田園間
老樹簡介：南投市大彰路荔枝王，是當地荔枝腳地名由來，當地以數棵古老的百年荔枝樹組成，目前每年仍會結果，可惜果量有限，十分珍貴，難以滿足大眾口慾需求，僅能採取標售方式購買，也藉此掀起荔枝的銷售風潮。

循荔枝王指標東行約200公尺，經過施家古厝，與福香宮古榕，便可發現樹形龍鍾的荔枝王老樹群，生機盎然的挺立曠野之中；據說樹齡已達300餘年，係當地施姓先民引進栽培，早年曾有13株之多，惟陸續凋零後，僅存4棵老樹，殊爲可惜。

交通資訊：下中二高南投市或名間交流道，接台3省道，往南投市區南崗路轉139縣道至荔枝腳686巷，順指標右轉進入。

順遊景點：猴探井遊憩區、長青自行車步道、松柏嶺、橫山地質景觀、清水巖

⊙福香宮古榕，亦擁有百年以上樹齡，可惜已經枯死，風華不存

⊙荔枝王老樹，由施姓先民移入，早年共13株，如今僅剩四株

⊙粗壯的荔枝王老樹，擁有一段艱辛的移民傳奇

65 竹山鎮鯉南社區茄苳公

⊙茄苳老樹便昂然聳立在美麗的清水溪畔

樹　高：20公尺

樹冠幅：240平方公尺

樹　圍：6.3公尺

樹　齡：300年

科　屬：大戟科

生長位置：南投縣竹山鎮鯉南社區，投53鄉道7公里處附近

老樹簡介：鯉南社區茄苳樹，屹立清水溪西岸山麓，當地山勢河流形態，爲堪輿學家眼中的鯉魚穴，而此株茄苳樹又是天然成長老樹，更顯珍貴。

早年，老樹枝幹粗壯，樹冠枝葉疏落，樹形偏向南方彎曲，下層葉密，且著生交錯緊密的姑婆芋，層層包夾根部樹幹，形成一環好似綠色海浪簇擁影象，景觀奇特。

雖然歲月更迭，但茄苳老樹生命力，依然強勁，主幹枝椏蓬勃生長，原本扭曲樹形，竟然神奇穩定下來，不再偏向，讓老樹丰姿，更是氣宇非凡。

訪樹沿途，可一路參訪古刹重興岩，同時欣賞雅致古厝，以及整齊翠綠的阡陌茶園，和詔安寮百年芒果樹，與清水溪風情，景觀豐碩。

交通資訊：下中二高竹山交流道，接台3省道至竹山，轉149縣道，過鯉魚大橋，轉投53鄉道，經鯉南社區、照安寮抵茄苳老樹。

順遊景點：桶頭月世界、竹山公園、重興巖寺、竹山古厝群、前山碑、紫南宮

⊙重興岩古寺為賞樹之旅必經之處，亦值得探訪

⊙竹山神社公園是訪樹之旅不宜錯過的獨特景點

⊙巨大的茄苳古樹，流露不凡風采（上）
⊙鯉南茄苳樹前方，翠綠整齊的茶園，為訪樹之旅增添丰采（左）

66 蜈蚣社區楓香樹群

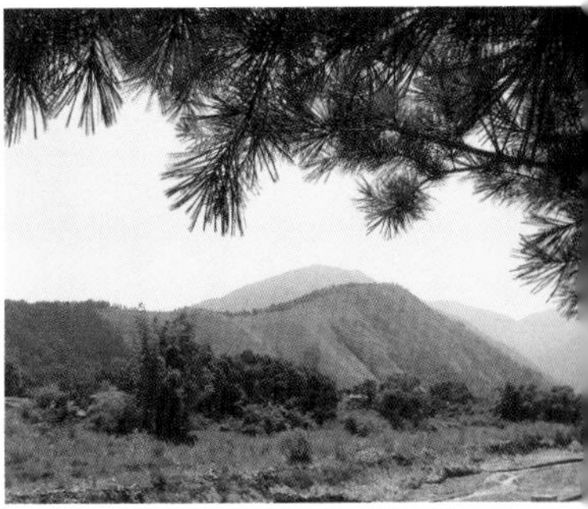

⊙蜈蚣崙山腳下，即是早年平埔族移墾的社區

樹　高：30公尺

樹冠幅：800平方公尺

樹　圍：5.6公尺

樹　齡：200年

科　屬：金縷梅科

生長位置：南投縣埔里鎮蜈蚣崙山腳下社區內

海拔高度：標高約450公尺

老樹簡介：蜈蚣社區以位居蜈蚣崙山麓而得名；楓香老樹群，即成群分佈在蜈蚣社區聚落裡面，老樹成林，默默庇護著居住其間的族民。

⊙楓香公園內最高大壯碩老樹，散佈在公園前方和社區周圍

根據文獻記載，蜈蚣社區早年為東勢樸子籬社附近平埔族，前往移墾的聚落，創社歷史，已在兩百年以上，是一處擁有豐富人文歷史聚落。

楓香老樹群，座落於整建後的楓香公園附近，這裡巨樹林立，綠蔭蔽天，公園內最高大壯碩的楓香老樹，即散佈在公園前方，園區內則增加了原木亭台設施，讓休憩空間更為豐腴，同時為因應城鄉新風貌，興建了平埔族傳統瞭望台，展現族群的特殊風情。

走訪蜈蚣社區楓香樹群，緊鄰聚落，擁有湖光山色的鯉魚潭，僅隔溪對望，不要忽略了。

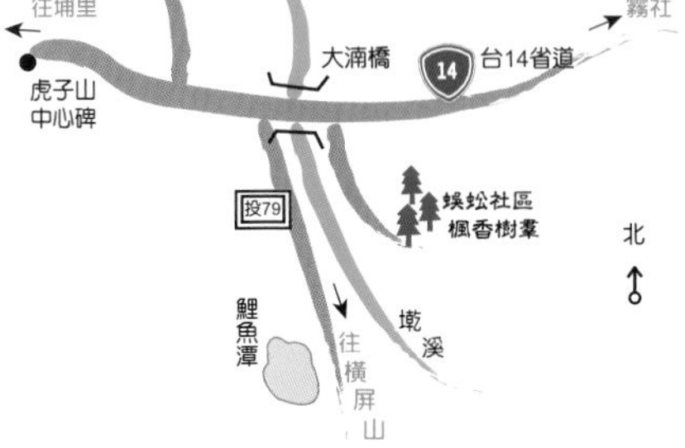

交通資訊：下中二高草屯交流道，接台14省道東行，至埔里過愛蘭橋即右轉南安路經埔里市區、地理中心碑，過鯉魚潭橋，右轉蜈蚣社區。

順遊景點：埔里酒廠、地理中心碑、鯉魚潭、牛耳石雕公園、中台禪寺

1.湖光山色的鯉魚潭，緊鄰蜈蚣社區，
僅隔溪對望，不要忽略了
2.楓香樹群就分布在蜈蚣社區聚落裡面
3.蜈蚣社區聚落，因應城鄉新風貌，興
建的平埔族傳統瞭望台

67 竹山鎮冷水坑茄苳公

⊙拜訪冷水坑茄苳公，必經的前山第一城遺址碑，極具歷史意義

樹　高：22公尺

樹冠幅：350平方公尺

樹　圍：5.6公尺

樹　齡：300年

科　屬：大戟科

生長位置：南投縣竹山鎮和溪厝中和路冷水坑附近

老樹簡介：冷水坑茄苳樹，屹立清水溪東岸沖積台地，此處也是古稱水沙連，最早開發拓墾區域，依地形特徵，此地又稱牛相鬥或斗六門，爲進入後山重要門戶，曾設有竹城，並豎立前山第一城碑，也是八通關古道起點，具有珍貴的歷史地位。

老樹枝幹粗壯，傲然矗立於廣袤的田園之間，樹冠優美，樹下有座簡樸土地公祠，內藏一方「加冬公」匾額，是當地居民信仰寄託與休閒聚會的絕佳處所。

古祠前方，另伴生一棵略小茄苳樹，雖不能和加冬公比擬，仍具備宏偉壯麗意象，尤其遠觀兩株老樹綠蔭疊翠，氣勢更見不凡。

交通資訊：下中二高竹山交流道，接台3省道至竹山，轉入前山路西行，經九十九崁、前山第一城碑，至和溪厝派出所，循指標右轉入冷水坑。

順遊景點：九十九崁古道、竹山神社公園、重興巖寺、連興宮、前山碑、紫南宮

⊙冷水坑茄苳公老樹，生長在平坦的河階台地，地點略為偏僻

⊙簡樸的加冬公小廟，清爽宜人

⊙魁梧的茄苳老樹枝幹上，依附著許多不同種類植物

⊙茄苳公老樹前方，還屹立另株重陽樹，彼此相互輝映(上)
⊙冷水坑附近的九十九崁遺址，據說便是八通關古道起點(左)

68 莿桐鄉新庄大樟公

⊙獅首含劍的大型泰山石敢當，是老樹前方極為珍貴文物

樹　高：10公尺

樹冠幅：150平方公尺

樹　圍：5.2公尺

樹　齡：260年

科　屬：樟科

生長位置：雲林縣莿桐鄉新庄六和國小後方田園

老樹簡介：新庄大樟公，擎天矗立在六和國小後方田野之間，自校園往西北方眺望，即可輕鬆發現巍峨老樹蹤跡。

樟公老樹，兩大主幹宛若蟠龍，朝天際伸展，氣勢蒼勁，樹旁側枝林立，枝椏分歧，頗具眾星拱月之姿，亦有兒孫滿堂之福，令人稱羨。

新庄樟公樹，目前已規劃爲社區小公園，正進行環境美化工程，完工後必將爲六和村新庄地區，增添一處風采獨具的自然公園。

悠然古樹下，還豎立一座大型泰山石敢當古碑，供居民膜拜；質樸的獅頭咬劍雕刻，採砂岩質地，高約1公尺，媲美西螺倖存之泰山石敢當，同樣蘊含了驅邪避煞，與平安的祈求，爲雲林縣稀有的人文珍藏，值得專程探訪。

交通資訊：下國道3號斗六交流道，接台3省道北上，經林內市區，轉154縣道西行抵六和國小，續走國小旁道路進入。

⊙振文書院是訪樹之旅，值得專程拜訪的三級古蹟

⊙樟公老樹枝幹紋路，清晰斑駁，散發濃濃古意

⊙整建的新庄大樟公依然流露壯麗風貌

順遊景點：湖山岩、崇遠堂、振文書院、華山咖啡園區、劍湖山樂園、西螺老街

⊙西螺大橋鄰近新庄樟公老樹，訪樹時無妨同遊

⊙新庄大樟公是六和村內最具代表性生態景觀之一

69 中埔鄉吳鳳廟老樹群

⊙昔日古碑已被重新更改為毋忘在莒碑，旁邊即是古意的台灣老櫸樹

樹　高：20公尺

樹冠幅：120平方公尺

樹　圍：3.8公尺

樹　齡：120年

科　屬：桑科、豆科、榆科

生長位置：嘉義縣中埔鄉社口村吳鳳廟庭院

老樹簡介：社口村老樹群分布於吳鳳廟庭院之間，有樹形典雅的台灣櫸樹、火焰木和魁偉的印度紫檀樹，與枝幹虯曲老榕樹，爲百年古廟增添風華。

其中遠近馳名的牽手樹，生長於廟院前庭，這是30年前由曾任副總統的謝東閔先生所命名，由六棵近百年的優雅菩提樹組合而成，頗具特色。

廟內奉祀崇仁尚義的阿里山撫番通事－吳鳳，古廟入口建有漆上朱紅色的燕尾拱形山門，極具特色；古廟以原木石材砌建，雕塑精緻，爲鹿港知名匠師郭新林傑作，名列國家三級古蹟，具有獨特歷史意義。

交通資訊：下南二高嘉義中埔交流道，接台18省道東行，至社口吳鳳廟。

順遊景點：中華民俗村、吳鳳紀念公園、仁義潭水庫、天長地久吊橋、蘭潭水庫

⊙三級古蹟吳鳳廟，庭園內有許多高大老樹

⊙廟庭左廂傳統園林間，花木扶疏，綠蔭蔽天，景色雅致

⊙吳鳳廟前庭左側牽手樹，為六棵枝椏交錯菩提樹，由前謝副總統命名

⊙吳鳳廟軒亭，石雕彩繪精緻，為鹿港郭新林匠師力作

⊙印度黃檀老樹，據說也有近百年歷史，樹形高大俊美

70 嘉義市中山公園老樹

樹　高：12公尺
樹冠幅：200平方公尺
樹　圍：3.8公尺
樹　齡：100年
科　屬：桑科、大戟科
生長位置：嘉義市中山公園內
老樹簡介：嘉義市中山公園老樹群，分佈在具有紀念意義的地標建築附近，讓園區內到處可欣賞龍鍾老樹風采。

⊙孔廟前方兩側各設一座石碑與老樹

⊙中山公園內日本神社倖存社務所，已被改為市政資料館

中山公園入口前方的贔屭古碑，極具歷史意義，附近的一江山陣亡將士紀念碑，與古老蒸氣火車頭周圍，即聳立有榕樹、櫸樹、雨豆樹、樟樹、重陽木等老樹。

嘉義市孔廟也是公園內值得瀏覽的傳統建築，孔廟前方兩側各設一座清代石碑，古榕老樹，即佇立於碑前，氣勢不凡。

早年日本神社倖存社務所，已被改爲嘉義市政資料館，緊鄰的神社附屬建物淨手舍、神器庫，則依然流露獨特的和風色彩。

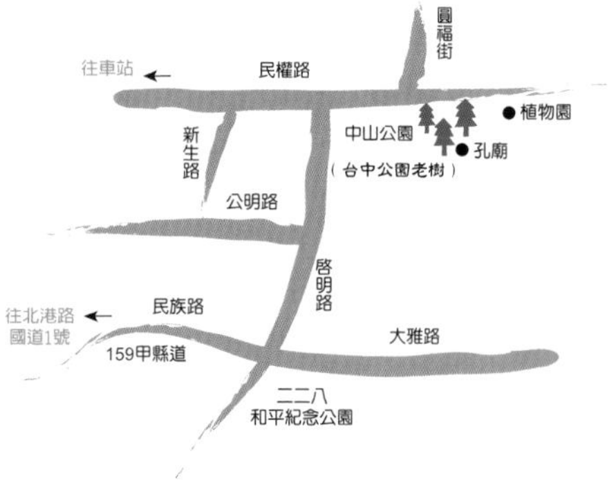

交通資訊：下中山高嘉義交流道，接159縣道東行，過嘉雄陸橋，接民族路，至啓明路，抵中山公園。

順遊景點：北回歸線碑塔群、蘭潭水庫、彌陀寺、嘉義中山公園、北門車站

⊙嘉義市孔廟是中山公園內值得瀏覽的傳統建築

⊙日本神社遺跡—淨手舍，風情獨具

⊙嘉義市中山公園內到處可欣賞龍鍾老樹風采

71 台南市成功大學榕樹群

⊙成大古榕附近的小西門城樓遺跡，流露悠悠古風

樹　高：12公尺
樹冠幅：400平方公尺
樹　圍：5.1公尺
樹　齡：150年
科屬：桑科
生長位置：台南市成功大學校園內
老樹簡介：成功大學是台南市最著名學府，成功湖畔的榕園綠地，遍植多株百年古榕，盤根錯節的老樹形態互異，氣象萬千；這廣茂的綠色樹群之間，設有木紋桌椅，情境幽雅，常見學生埋首苦讀，自然也成爲浪漫情侶和學生，連繫感情和友誼的絕佳場所。

成大校園古榕，相當幸運，孕育了一株和國內大型企業集團商標極爲相似的老樹，加以大學本身百年樹人的教學品質與目標，均和企業集團發展理念接近，獲得企業長期認養老樹，讓成大古榕一躍成爲國內最具知名度的老樹。

文學院旁，小西門夯土城牆遺蹟，乃昔日台南府城八大城門之一，初建於清乾隆56年，後因道路拓寬遷建此地，城垣以閩南紅磚與夯土牆建構，在歲月摧殘下，古城早已破舊斑剝，流露悠悠古風，值得遊客順道拜訪。

交通資訊：下中山高仁德交流道，東門路接北門路北上，右轉小東路旁。

順遊景點：台南中山公園、孔廟、大南門碑林、五妃廟、赤崁樓

⊙成大百年古榕根鬚交錯，展現古意的自然風情

⊙成大小東門遺址附近，依然可發現許多盎然老樹

⊙巨大古榕樹下，自然成為學生和遊客，輕鬆休憩場所

⊙成功湖上有紅色拱橋橫跨兩岸，曲徑通幽，風光詩意

72 台南市安平古堡老樹群

樹　高：13公尺

樹冠幅：150平方公尺

樹　圍：4.5公尺

樹　齡：120年

科　屬：桑科

生長位置：台南市安平區安平古堡庭院裡

老樹簡介：台南市安平古堡老樹群，散佈在古建築寬敞的庭園內，最具景觀特色老樹，便是斑駁古城牆上，氣根懸垂交錯的百年古榕，一簇簇蒼翠綠葉，蓬勃勁生，將古老城牆點綴得更具活力和畫意。

⊙古堡附近安平老街內，可拜訪造形獨特的百年古榕

⊙古堡邊綠色巨傘狀大榕樹，自然散發一股濃濃古意幽情

古堡庭院內，至少五株百年老樹，巍峨佇立於古意盎然的國家史蹟庭園內，尤其東側院落，龍鍾老樹交錯而立，樹冠交織層次分明，樹形互異，是探訪一級古蹟文化之旅，值得觀賞的美麗植物生態。

交通資訊：下中山高仁德交流道，東門路接府前路、開山路轉民生路經安平路至安平區古堡街。

順遊景點：安平古堡、億載金城、安平古街、安平小砲台、四草砲台、東興洋行

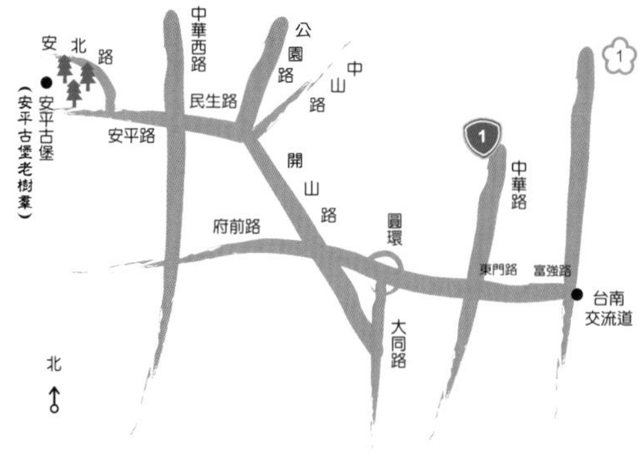

⊙古堡東側抱石老樹，細看更能感受可愛的生態趣味（左）
⊙安平古堡老樹群圍繞在古堡砲台周圍，更添風韻（右）

⊙安平古堡內歷經滄桑樹形互異的老樹群，古意盎然

⊙台灣最古老城牆上，勁生著百年垂根古榕，景緻壯觀

73 高雄市左營印度黃檀古榕

⊙早年鳳山舊城遺留的孔廟崇聖祠，古樸斑駁，雄峙在舊城國小操場邊

樹　高：15公尺
樹冠幅：160平方公尺
樹　圍：4.7公尺
樹　齡：100年
科　屬：桑科
生長位置：高雄市左營舊城國小校園
老樹簡介：左營印度黃檀與古榕樹，古木參天，昂然佇立在舊城國小校園裡，為單調的校園景觀，平添蒼翠繽紛風情。

蒼勁老樹高聳在操場邊，以及古意盎然的崇聖祠前方，此處原名啓聖祠，清代康熙年間，曾是鳳山古城北門口孔廟遺址，舊廟拆除建校後，倖存的文廟後殿崇聖祠，被劃為國家三級古蹟，幸運保留下來，成為遊客尋幽訪勝絕佳據點。

根據校方表示，祠前巨大古榕，為民國前一年，由薛喜校友栽植，已有近百年歷史，枝葉蓊蔚，高聳入雲，展露盎然生機；而印度黃檀，則優雅矗立在單調斑駁的古蹟旁，祠後還蒐集舊城附近，珍貴石碑，為古祠老樹增添不少風采。

交通資訊：自國道1號鼎金系統交流道，接國道10號西行，接大中二路，轉翠華路至蓮池潭畔，舊城國小校園。

順遊景點：蓮池潭、鳳山舊城、半屏山、壽山賞猴步道、西子灣、打狗領事館

⊙具有百年歷史的舊城國小百年古榕，樹形高大壯麗

⊙舊城國小古榕下方可發現許多氣根觸地後形成的枝幹，極具生態教育意義

⊙崇聖祠前方迎曦園花木扶疏，印度紫檀老樹便位在園內

74 旗山鎮旗尾糖廠老樹群

樹　高：12公尺
樹冠幅：200平方公尺
樹　圍：4公尺
樹　齡：150年
科　屬：桑科、大戟科、樟科、豆科
生長位置：高雄縣旗山鎮旗尾糖廠庭院
老樹簡介：旗尾糖廠座落於旗山溪畔，百年老樹群，便零星散佈在廣闊的糖廠角落，四處林立的龍鍾古榕、九芎、樟樹，交錯而立，林蔭蔽天，其中又以一株具百年歷史的九重葛，最具特色，廠方已裝設圍欄棚架，加以保護。

旗尾糖廠創立於日治時期，民前3年，二次大戰期間，曾遭盟軍連續轟炸身受重創，台灣光復後才又恢復產糖，近年停工後，已成功轉型爲休閒遊憩園區，深受遊客歡迎。

廠區內，陳列有五彩繽紛的彩繪懷舊火車，以及好玩的兒童遊戲設施；尤其販賣部風味多元而獨特的冰品，更是夏日避暑納涼的絕佳選擇。

交通資訊：自南二高嶺口系統，轉國道10號至旗山，接184縣道，過旗尾橋右側即至。

順遊景點：旗山老街、鼓山公園、美濃風情、黃蝶翠谷

⊙旗尾糖廠庭院，隨處可見老樹林立，綠意盎然景象

⊙糖廠內，筆直高聳的老樹，都是遊客視線焦點

⊙老樹群間，陳列了早期運糖的五分仔小火車，讓人不禁發思古幽情

⊙美濃客家文物館，是賞樹之旅，值得探訪的人文巡禮

75 屏東市中山公園雨豆樹

⊙巨大的雨豆樹，屬於熱帶植物，已有近百年歷史

樹　高：18公尺

樹冠幅：200平方公尺

樹　圍：4.2公尺

樹　齡：120年

科　屬：豆科

生長位置：屏東市中山公園體育場庭園

老樹簡介：雨豆樹簡稱雨樹，原產南美洲，樹形高大優美，樹冠寬闊，花卉深紅略帶淡黃色，總狀花序，就像黑夜裡燦爛焰火般，美麗迷人。

雨豆樹因生長快速，心材優良，早年即被引進國內，成爲著名的園林蔽蔭綠樹，在台灣中南部，著名大型公園綠地裡，皆可發現它巨大身影。

屏東市中山公園雨豆樹，昂然散佈於寬敞的體育場週邊綠帶，高聳的樹冠枝葉交錯，建構爲一道清爽綠蔭，也是市民晨起運動休憩的絕佳空間。

體育場週邊綠地，擁有數十棵壯碩的雨豆樹族群，也讓該樹成爲中山公園最具代表性植物，也是最引人注目地標；加以屏東著名史蹟阿猴古城朝陽門，座落其間，同時屏東孔廟，也在前方，値得遊客深入欣賞。

⊙屏東中山公園雨豆樹下，常成為兒童奔跑嬉戲的快樂場所

⊙中山公園體育場邊，種植整排高大黝黑的雨豆樹，十分壯觀

交通資訊：下南二高九如交流道，接台3省道南下，往屏東市區方向，經忠孝路，左轉自由路，接中正路直行，至濟南街，再左轉屏東市中山公園。

順遊景點：阿猴古城、屏東鐵路舊橋、屏東孔廟、曾聖公祠、忠實第、慈鳳宮

⊙阿猴古城邊另有一株老樹，還設有鮮麗的小廟奉祀，令人印象深刻（上）

⊙古蹟屏東孔廟，位在體育場邊，賞樹之餘不妨連遊攬勝（左）

⊙阿猴古城東門是屏東僅存的舊城遺跡，就位於體育場邊，值得順遊

76 佳冬鄉六根村神榕

樹　高：12公尺

樹冠幅：250平方公尺

樹　圍：7.5公尺

樹　齡：170年

科　屬：桑科

生長位置：屏東縣佳冬鄉六根村楊氏宗祠附近

⊙佳冬龍樹聖公擁有一段有趣的托夢傳奇

老樹簡介：六根村神榕，俗稱龍樹聖公，以樹形似蟠龍飛舞，且龍樹與榕樹語音相近而得名。

龍樹，位在以兩儀風水池聞名的佳冬楊氏宗祠，前方不遠處；樹下建有一座龍樹聖公神祠，據說早年有位庄民農務後疲憊，在老樹下午睡，被老樹土地公託夢，而建廟奉祀。

隨後當地居民感懷龍樹聖公神威顯赫，另建嶄新廟宇奉祀，但仍保存舊祠，供民眾膜拜，而廟前寬廣庭院，自然成為當地居民和幼童嬉戲遊憩的重要據點。

交通資訊：下南二高林邊終點交流道，轉台17號省道至佳冬鄉。

順遊景點：楊氏宗祠、六根隘門、蕭家古厝、東港、大鵬灣

⊙精緻的步月樓，屬佳冬三級古蹟蕭家祖厝的出入門樓

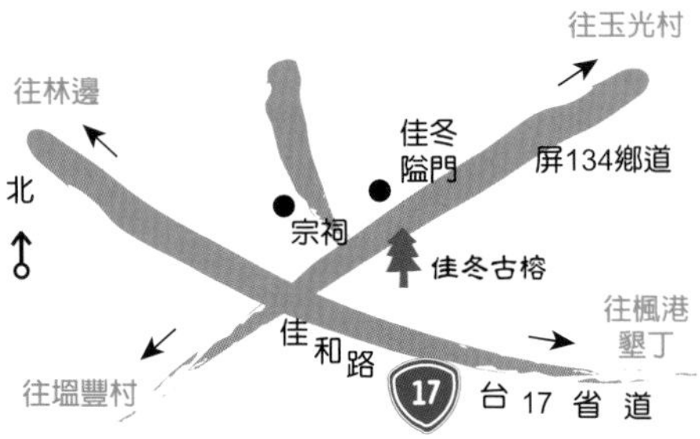

⊙龍樹聖公古榕形態宛如潛龍游動，風韻獨具

⊙佳冬古榕附近的隘門和蕭家祖厝，也是珍貴古蹟，不宜忽略

⊙佳冬神榕旁的楊氏宗祠古蹟，是賞樹之旅不可忽略據點

77 恆春鎮社頂茄苳樹

⊙社頂一線天峽谷險巇千仞，奇絕壯觀，十分迷人

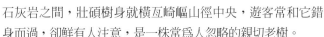

樹　高：15公尺
樹冠幅：130平方公尺
樹　圍：4.2公尺
樹　齡：120年
科　屬：大戟科
生長位置：屏東縣恆春鎮社頂森林遊憩區內
老樹簡介：社頂茄苳樹，勁生於社頂自然公園，險巇瑰麗的高位珊瑚礁石灰岩之間，壯碩樹身就橫亙崎嶇山徑中央，遊客常和它錯身而過，卻鮮有人注意，是一株常爲人忽略的親切老樹。

茄苳老樹生長於公園內，著名的一線天峽崖出口前方，當遊客翻越狹窄黝黑的石灰岩裂谷，陽光乍現，迎面而來，便是蒼翠聳峙的老茄苳樹，行人往往閃避不及撞了上去，或踩踏濕滑樹根，演出身體失衡的刺激畫面，讓遊客驚聲連連，這或許是老樹獨特打招呼方式，也或許是刻意抗議人們長期忽略它的存在吧！

交通資訊：下南二高竹田交流道，接台1省道南下，往墾丁方向，經新埤、枋寮，抵楓港後，直行台26省道，轉經墾丁森林遊樂區，續行抵社頂森林公園。

順遊景點：墾丁森林遊樂區、南灣、貓鼻頭、鵝鑾鼻、船帆石、龍磐草原

⊙茄苳老樹巍峨聳立於高位珊瑚礁岩之間，景觀奇特

⊙社頂老茄苳正好生長於一線天峽谷出口，行經宜當心

⊙蝴蝶是社頂公園最美麗的山間精靈

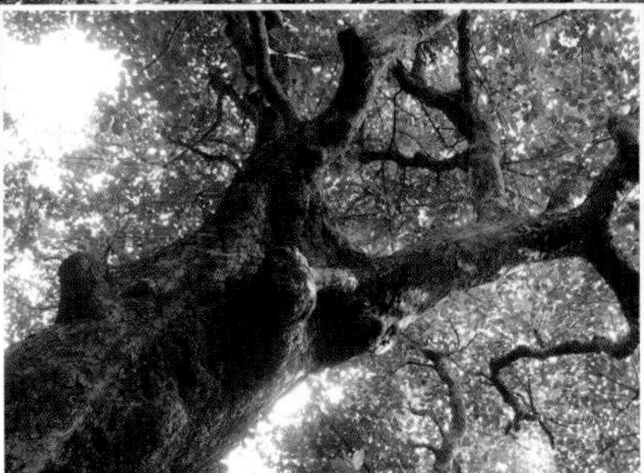

⊙社頂茄苳老樹，豐腴翠綠的枝葉是大自然的美麗饗宴（上）
⊙社頂公園賞樹步道，風情萬種，景色絕佳，適合全家旅遊（右）

78 冬山鄉安平路薄姜木

⊙山薄姜盛開的花苞和綠葉，極具美感

樹　高：20公尺

樹冠幅：300平方公尺

樹　圍：4.7公尺

樹　齡：300年

科　屬：馬鞭草科

生長位置：宜蘭縣冬山鄉安平路旁

老樹簡介：薄姜木又名山埔姜，爲台灣中低海拔常見闊葉樹，多生長於向陽性山地，枝葉茂盛，樹形優美，亦屬美麗的庭園樹種。

冬山鄉安平路薄姜木，主幹壯碩，枝椏交錯，樹冠鮮綠蒼翠，根據文獻資料顯示，此株老樹可能是國內已知最古老的山埔姜。

老樹昂然矗立在安平坑，力霸水泥廠邊平坦山麓，前方設珍貴老樹解說牌，以及一座簡雅福德祠，也是鄉民心目中庇祐平安與祈福的信仰中心。

交通資訊：1 下國道3號新店交流道，轉台9省道至冬山鄉安平坑。

2 下國道1號八堵交流道，接台2丁省道，經瑞芳轉台2省道濱海公路至礁溪，轉台9省道至冬山鄉安平坑。

順遊景點：蘇澳冷泉、武荖坑溪、南方澳漁港、冬山河親水公園、羅東運動公園

⊙冬山鄉薄姜木是台灣最大的同科老樹

⊙薄姜木身上，有處明顯樹洞，是否影響健康極待觀察

⊙薄姜木多生長於向陽山地，也屬美麗的庭園樹種

⊙薄姜木老樹前方，不能免俗亦建有伯公廟奉祀（右上）

⊙山薄姜枝葉茂盛，為中低海拔常見植物（右下）

79 南澳鄉澳花國小巨樟

⊙自蘇澳走訪澳花國小古樟，沿途可欣賞美麗的太平洋風光

樹　高：17公尺

樹冠幅：500平方公尺

樹　圍：7.3公尺

樹　齡：400年

科　屬：樟科

生長位置：宜蘭縣南澳鄉澳花國小校園內

老樹簡介：南澳鄉澳花國小巨樟，傲然挺立在校園操場頂端，兩大枝幹向外開展，讓底層軀幹樹形，就像一枚巨大金元寶，充滿了生命吉祥之兆。

宜蘭縣偏遠的澳花國小，屬於美麗的泰雅族部落，校園迎溪而立，座落於和平溪與澳花溪交會的尾稜台地，豐富水氣和清新優質環境，也讓該地孕育了如此壯麗景致。

校園內，還羅列數棵壯碩老樹，陪伴學童快樂成長，根據調查，澳花國小巨樟，可能是國內校園裡，最巨大古老樟樹，值得珍惜！

可惜老樟樹主幹背面，已被侵蝕，露出一個樹洞，加以兩大枝幹，瓜瓞綿延，向外擴展的枝葉面積龐大，讓古樟承載極大樹冠壓力，隨時面臨折幹危機，這也是主管當局，應積極面對的重要課題。

交通資訊：1 下國道3號新店交流道，轉台9省道經宜蘭、蘇澳至南澳鄉澳花國小。

2 下國道1號八堵交流道，接台2丁省道，經瑞芳轉台2省道濱海公路經宜蘭、蘇澳至南澳鄉澳花國小。

順遊景點：蘇澳冷泉、澳花瀑布、蘇花古道、開路紀念碑、神秘湖、紫明瀑布

⊙澳花國小位於和平溪北岸河階，地理環境獨厚，才能孕育出雄偉巨樟

⊙進入澳花村山地部落岔路口，獨具特色的原住民圖騰

⊙澳花國小古樟，枝幹彷彿一錠金元寶，又像菱角，趣味十足

⊙澳花國小巨樟，可能是國內校園內最古老樟樹，值得珍惜

80 南澳鄉觀音茄苳樹

⊙觀音橋老樹為蘇花公路沿途三大茄苳樹之一

樹　高：16公尺

樹冠幅：160平方公尺

樹　圍：5公尺

樹　齡：220年

科　屬：大戟科

生長位置：宜蘭縣南澳鄉台9省道觀音二橋旁

老樹簡介：觀音茄苳樹，昂立於蘇花公路谷風地塹附近，平坦的觀音二橋南岸，老樹底部巨大主幹，幾被砂礫掩埋，若不細看，還疑為一大一小兩株並生的老樹呢！

⊙自觀音橋附近，可欣賞和平溪出海口附近的太平洋景色

觀音茄苳樹，樹形優雅，據說係早年屯墾移民，路過短暫停留期間所種植；但依老樹生長位置，恰在溪畔，亦可能屬天然林植被之一，只是原本高大樹身，已被長久累積的坍塌土石湮沒，成為今日樣貌。

老樹緊鄰觀音二溪，景致清爽秀麗，觀音一、二橋之間，崩落一方巨石，有心人便在石上彩繪白鶴觀音畫像，以庇祐往返危崖處處的蘇花道路旅人。

此觀音二溪，上游巨石累累，溪谷幽深，溪水清澈，也孕育數道瑰麗的瀑布景觀，只是溯溪路險，遊客不宜輕試。

交通資訊：1 下國道3號新店交流道，轉台9省道經宜蘭、蘇澳至南澳鄉觀音二橋旁。

2 下國道1號八堵交流道，接台2丁省道，經瑞芳轉台2省道濱海公路經宜蘭、蘇澳轉台9省道至南澳鄉觀音二橋旁。

順遊景點：蘇澳冷泉、澳花瀑布、蘇花古道、開路紀念碑、神秘湖、紫明瀑布

1. 觀賞蘇花公路沿途的瀑布植被，也是一大收穫
2. 觀音橋即是以此塊雄偉的觀音壁畫巨石為名
3. 觀音橋上游溪谷，綺麗原始，瀑布綿延，值得觀賞，可惜路況不佳
4. 觀音橋茄苳老樹，原本巨大枝幹可能被坍方土石埋藏，僅一小段主幹出露

1

2

3

4

81 頭城鎮盧宅古榕

⊙盧宅老樹旁仍遺留一口，往日的取水圓井，頗具古風

樹　高：15公尺

樹冠幅：280平方公尺

樹　圍：5.7公尺

樹　齡：140年

科　屬：桑科

生長位置：宜蘭縣頭城鎮和平老街旁

老樹簡介：頭城鎮盧宅古榕，生長於盧公館前方池畔，相傳該池往年有水道通往海濱水域，爲盧家專用碼頭，這兩株老樹便是用來繫緊船纜之處。

盧宅是清代頭城鎮著名大厝，早年爲精雕細琢的傳統合院宅第，家業昌盛，日據時期改建爲灰瓦斜頂拱門式樣建築，又稱盧公館別墅，庭園內花木扶疏，綠草如茵，散發濃郁的日式和風建築風格。

兩株古榕老樹磐虯交錯的枝幹氣根，勁生在水道淤積後，修建的池塘邊，昔日絢爛的水榭亭台，僅殘存斑駁基座，自然淪爲附近居民垂釣遊憩場所，對照往年風光歲月，滄海桑田，更讓人不勝唏噓。

交通資訊：1 自宜蘭或新店，走台9省道至二城，接190縣道北上，轉台2省道至頭城鎮和平老街

2 下國道1號八堵交流道，接台2丁省道，經瑞芳轉台2省道濱海公路至頭城鎮和平老街

順遊景點：梗枋漁港、北關休閒農場、頭城休閒農場、頭城老街、北關公園

⊙盧宅是清代頭城著名傳統合院大厝，日治年代改建，又稱盧公館別墅

⊙老樹附近的頭城老街，古意盎然，值得一遊

⊙磐虯的古榕前方池塘，往昔曾是絢爛的水榭亭台，古今對照，令人唏噓

⊙頭城盧宅古榕，相傳為早年用來繫緊船纜之處，水道淤積後，古榕前方池塘，自然淪為附近居民垂釣遊憩場所

82 頭城鎮北關月橘老樹

⊙月橘老樹屹立在園區內的瀑布和溪畔夾峙空間，更覺沁涼宜人

樹　高：10公尺
樹冠幅：80平方公尺
樹　圍：4.2公尺
樹　齡：200年
科　屬：桑科
生長位置：宜蘭縣石城鎮北關休閒農場內
老樹簡介：石城鎮北關月橘老樹，座落在北關休閒農場內，與梗枋北溪畔的瑰麗飛瀑，比鄰而居，景色清新亮麗，是農場內獨特的地理景觀。

⊙月橘樹冠枝葉稀疏，且有修剪過痕跡，視覺極為清爽

月橘老樹，枝幹平滑壯碩，自底部即開始分枝，樹冠枝葉稀疏且有修剪過痕跡，視覺極爲清爽，尤其屹立於瀑布和溪畔夾峙空間，更覺沁涼宜人。

迎著溪畔生態步道，迂迴而行，沿途綠蔭蔽天，約5分鐘，來到一棵佇立溪畔的百年古榕，此地山水清凝，岩石羅列，林相優雅，水質清澈，適合戲水遊憩，體驗自然之美。

⊙農場園區內規劃有放天燈、彩印T恤和夜訪螢火蟲活動，讓夜晚更充實

園區內還規劃有著名的螃蟹博物館，展示來自世界各地的奇珍異品螃蟹，以及DIY絹印T恤、放天燈、夜訪螢火蟲活動，讓賞樹之旅，更爲豐碩充實。

交通資訊：1 自宜蘭或新店，走台9省道至二城，接190縣道北上，轉
2 下國道1號八堵交流道，接台2丁省道，經瑞芳轉台2省道濱海公路至北關休閒農場

順遊景點：梗枋漁港、北關休閒農場、頭城休閒農場、頭城老街、北關公園

⊙北關農場園區內規劃有著名的螃蟹博物館，讓賞樹之旅，更為豐碩充實

⊙溪畔古榕附近，岩石羅列，林相優雅，適合戲水遊憩，體驗自然之美

83 秀林鄉茄苳老樹

⊙三棧溪早年以盛產玫瑰石聞名，如今以發展生態溯溪為主

樹　高：18公尺
樹冠幅：450平方公尺
樹　圍：5.6公尺
樹　齡：210年
科　屬：大戟科
生長位置：花蓮縣復興秀林鄉三棧溪南岸路旁
老樹簡介：秀林鄉茄苳老樹，位於三棧村部落前方的三棧溪南岸路旁，據說是秀林鄉低海拔山地，最粗壯而古老的茄苳樹，具有獨特生態地位。

整株茄苳老樹，勁生於道路旁陡峭山坡上面，樹幹低處即岔出兩大枝幹，彷如兩隻拼命用力，朝上扭轉伸展的巨大手臂，形態特殊；加以濃密的頂層樹冠，枝葉黛綠蓊鬱，四周疏林颯颯，涼風輕撫，讓遊客倍覺清爽。

三棧溪動植物生態豐富，早年以盛產玫瑰石聞名，原住民屬泰雅族旁支太魯閣族群，在玫瑰石禁採後，族人將清澈綺麗的三棧溪谷，朝向生態溯溪旅遊方向規劃，是處極具人文素養與生態美學的山地部落。

交通資訊：
1 自花蓮市區，走台9省道，至三棧溪前，轉往三棧部落舊路旁。
2 自蘇花公路或中橫公路，至太魯閣接台9省道南下，至三棧溪前，右轉往三棧部落舊道，不入部落，仍直行約200公尺右側山坡，

順遊景點：三棧溪、美崙山、太魯閣遊客中心、神秘谷、長春祠

⊙三棧村部落原住民，屬泰雅族太魯閣群，樸實熱情，多居住於三棧溪南岸

⊙秀林鄉茄苳老樹，勁生於路旁陡峭山坡上

⊙三棧溪動植物生態豐富，台灣獼猴便是當地常見生態

⊙秀林鄉茄苳老樹，為早年蘇花公路沿線三大茄苳樹

⊙壯碩的秀林茄苳樹幹，爬滿了許多依附植物，這也是山地老樹的特徵

84 台東市鯉魚山古榕

⊙鯉魚山，林木蓊鬱，老樹林立是台東市民晨昏散步健身的絕佳去處

樹　高：12公尺
樹冠幅：180平方公尺
樹　圍：5.7公尺
樹　齡：120年
科　屬：桑科
生長位置：台東市鯉魚山公園內
老樹簡介：台東市鯉魚山，原稱鰲魚山，山勢不高，但林木蓊鬱，山區植被以相思樹、銀合歡、樟樹、重陽樹和古榕爲主，風光秀麗，是台東市民晨昏散步健身的絕佳去處。

古榕便隱藏在鯉魚山登山步道中央，自金碧輝煌的龍鳳寶塔右側階道，拾級而上，附近羅列數棵樟樹以及重陽老樹，風光秀麗。

不久走上觀景台，可遠眺市區與太平洋美景，循稜線步道西行，約5分鐘，即抵百年垂根古榕佔據的原木平台，老樹零星座落於步道邊，或貼壁勁生，或擎天屹立，丰姿互異。

可選擇在老樹區運動，或續往鯉魚山前行，觀賞美麗的後山風光，登頂後，循下山指標回登山口。

交通資訊：

1. 自台9省道至台東市區，接新生路東行，至鯉魚山公園。
2. 自台11省道至台東市區，接光復路，轉鐵花路，至鯉魚山公園。

順遊景點：知本溫泉、卑南遺址公園、利吉月世界、小野柳、初鹿牧場、綠島

⊙穿梭在相思樹林的登山步道，清爽舒適

⊙鯉魚山龍鳳寶塔，建築金碧輝煌，尤其沐浴晨光下，最為出色亮麗

⊙龍鳳寶塔右側階道，附近羅列數棵樟樹以及重陽老樹，風光秀麗

Visit the old trees in Taiwan
參考資料

◎**珍貴老樹解說手冊**　陳明義、楊正澤、陳瑩娟編著／台灣省農林廳／中華民國環境綠化協會出版

◎**台灣鄉野藥用植物第1輯**　洪心容、黃世勳合著／文興出版公司出版

◎**趣談藥用植物（上）**　洪心容、黃世勳、黃啟睿合著／文興出版公司出版

◎**趣談藥用植物（下）**　洪心容、黃世勳、黃啟睿合著／文興出版公司出版

◎**台灣老樹之旅**　心岱著、阮榮助攝影／時報文化公司出版

◎**台灣樹木解說（一）**　呂福原、歐辰雄、呂金誠編著／國立中興大學森林系編印／行政院農業委員會出版

◎**台灣神木誌（一）超級大神木**　黃昭國撰文、攝影／人人出版公司出版

◎**台中市珍貴老樹的歷史源流與掌故傳說**　林栭顯著／行政院農業委員會出版

◎**台中縣珍貴老樹巡禮**　黃文瑞、李西勳、林栭顯著／行政院農業委員會出版

◎**台北縣珍貴老樹巡禮**　廖麗玲、盧淑敏、張鳳娟著／台北縣政府出版

◎**雲林縣珍貴老樹巡禮**　李西勳著／台灣省政府農林廳出版

◎**新竹縣珍貴老樹的歷史源流與掌故傳說**　楊甘陵、洪日盛著／新竹縣政府出版

◎**彰化縣珍貴老樹的歷史源流與掌故傳說**　黃文瑞著／台灣省政府農林廳出版

◎**苗栗縣珍貴老樹**　張強著／苗栗縣政府出版

◎**樹大好遮蔭宜蘭縣老樹傳奇**　潘藝萍著／行政院農業委員會出版

◎**發現綠色台灣－台灣植物專輯**
行政院農業委員會林務局／中華民國企業永續發展協會出版

◎**台灣重要林木彩色圖誌**　劉業經著／出版

◎**巨木（老樹）保護研討會論文集**　國立台灣大學農學院實驗林區管理處編印／出版

◎**台灣的老樹**　沈競辰著／人人月曆公司出版

◎**台灣巨木老樹百選**　沈競辰著／人人出版公司出版

◎**台灣的老樹**　邱祖胤著、張尊禎攝影／遠足文化公司出版

◎**尋找台中縣老樹**　張義勝著／台中縣政府出版

◎**台灣老樹地圖**　張蕙芬著／大樹文化公司出版

◎**台灣森林常見害蟲彩色圖鑑（2）**　楊平世、范義彬、蕭祺暉編著／
行政院農業委員會林務局出版

◎**台灣名山之旅**　黃柏勳著／黎明文化公司出版

◎**東勢谷關巡禮**　黃柏勳著／黎明文化公司出版

◎**鹿港旅遊精典**　黃柏勳著／文興出版公司出版

◎**竹　山**　黃柏勳著／三久出版社出版

◎**鹿　谷**　黃柏勳著／三久出版社出版

◎**關　西**　謝榮華著／三久出版社出版

Visit the old trees in Taiwan

全台老樹分佈索引

此索引內容僅限於本書所介紹之老樹，依縣市排列，採（次序碼 / 頁碼）標示，如：秀林鄉碧綠神木（4 / 33）即表示該樹為本書介紹之第4棵老樹，位於本書第33頁，以此類推。

國家圖書館出版品預行編目資料

發現台灣老樹／黃柏勳著：－－初版.
－－臺中市：文興，2006〔民95〕
面；　公分.－－（台灣Easy go：01）

ISBN 986-821-570-6（平裝）
1. 旅遊

436.13232　　95005229

台灣 easy go -01

發現台灣老樹 EG001

作者/攝影　黃 柏 勳
總編輯　黃 世 勳
主編　陳 冠 婷
企劃　賀 曉 帆
繪圖　王 思 婷
監製　林 士 民
內頁設計　銳點視覺設計 (04)23588230
封面設計　彭 淳 芝

發行人　洪 心 容
出版者　展讀文化事業有限公司
台中市西屯區漢口路2段231號2樓
TEL:(04)24521807　FAX:(04)24513175
郵政劃撥　戶名：展讀文化事業有限公司
帳號：2 2 6 1 0 9 3 6

總經銷　紅螞蟻圖書有限公司
地址　台北市內湖區舊宗路2段121巷28號4樓
TEL:(02)27953656　FAX:(02)27954100
初版一刷：西元2006年5月

定價299元
（缺頁或破損的書，請寄回更換）
ISBN 986-821-570-6

展讀文化出版集團
flywings.com.tw